全国高级技工学校电气自动化设备安装与维修专业

机械常识（第二版）习题册

王希波　主编

中国劳动社会保障出版社

简介

本习题册为全国高级技工学校电气自动化设备安装与维修专业教材《机械常识（第二版）》的配套用书。本习题册按照教材章节顺序编写，内容紧扣教学要求，知识点分布均衡，题型丰富多样，习题难易适中，有助于学生复习巩固所学知识。

本习题册由王希波任主编，吴致远参与编写，焦红军任主审。

图书在版编目（CIP）数据

机械常识（第二版）习题册 / 王希波主编 . -- 北京：中国劳动社会保障出版社，2023
全国高级技工学校电气自动化设备安装与维修专业
ISBN 978-7-5167-6049-9

Ⅰ. ①机…　Ⅱ. ①王…　Ⅲ. ①机械学 - 技工学校 - 习题集　Ⅳ. ①TH11-44

中国国家版本馆 CIP 数据核字（2023）第 189339 号

中国劳动社会保障出版社出版发行
（北京市惠新东街 1 号　邮政编码：100029）
*
北京市科星印刷有限责任公司印刷装订　　新华书店经销
787 毫米 ×1092 毫米　16 开本　6 印张　141 千字
2023 年 10 月第 1 版　　2026 年 1 月第 5 次印刷
定价：12.00 元

营销中心电话：400-606-6496
出版社网址：http://www.class.com.cn
http://jg.class.com.cn

目　录

绪　论

一、填空题（将正确答案填写在横线上）

1. 机器的功能主要有变换或传递_________、变换与传递_________和_________，以及传递________与________等。

2. 机器一般都由________部分、________部分、________部分、________部分、_________部分及_________部分等组成。

3. 机械是_________与_________的总称。

4. 在台式钻床中，转动进给手柄，带动齿轮旋转，通过_____________传动将运动转换为套筒的_________ 移动，从而带动钻夹头上下运动，实现钻头的进给运动。

5. 根据两构件之间的接触形式，运动副可分为_________和_________两大类。

6. 常用的低副有_________副、_________副（棱柱副）和_________副等。

7. 常用的高副有___________副和___________副等。

8. 在图 0–1 中，图 a 表示_______副，图 b 表示固定铰链的_______副，图 c 表示滑块不固定的_______副，图 d 表示滑块固定的_______副，图 e 表示活动铰链的_______副。

a)　　b)　　c)　　d)　　e)

图 0–1

二、判断题（正确的，在括号内打“√”；错误的，在括号内打“×”）

1. 机构可以用于做功或转换能量。（　　）
2. 台式钻床的电动机通过齿轮传动机构带动钻夹头及钻头做旋转运动。（　　）
3. 台式钻床的钻头的进给运动由齿轮齿条机构实现。（　　）
4. 一台机器至少要包含一种机构。（　　）
5. 构件都是由多个零件组成的。（　　）
6. 构件是运动的单元，零件是制造的单元。（　　）
7. 凸轮与从动件的接触属于低副。（　　）
8. 订书机的上盖和钉道之间、钉道与底座之间的连接都属于低副。（　　）
9. 高副能传递较复杂的运动。（　　）
10. 螺旋千斤顶的螺杆和螺套组成转动副。（　　）
11. 两构件之间只允许做相对移动的运动副是移动副。（　　）

三、选择题（将正确答案的序号填写在括号内）

1. 能变换能量的机器是（　　）。

A．电动机　　B．打印机　　C．起重机

2．台式钻床上的电动机属于（　　）部分，钻头属于（　　）部分，电源开关属于（　　）部分。

A．动力　　B．控制　　C．执行

3．车床属于（　　）的机器。

A．变换或传递能量　　B．变换与传递运动和力

C．传递信息

4．（　　）是用来传递信息的机器。

A．机械手　　B．台式钻床　　C．打印机

5．（　　）不是机器。

A．汽车　　B．3D 打印机　　C．自行车

6．机构中的运动单元体称为（　　）。

A．零件　　B．部件　　C．构件

7．在两爪顶拔器（见教材图 0–5）中，旋柄、挡圈和沉头螺钉组成一个（　　）。

A．部件　　B．构件　　C．机构

8．下列运动副中属于高副的是（　　）。

A．凸轮副　　B．螺旋副　　C．转动副

9．下列运动副中属于低副的是（　　）。

A．转动副　　B．齿轮副　　C．凸轮副

10．金属切削机床的主轴、滑板属于机器的（　　）部分。

A．动力　　B．传动　　C．执行

四、名词解释

1．机器

2．机构

3．零件

4．构件

5．运动副

6．低副

7．高副

五、简答题

1．简述机器的动力部分、传动部分和执行部分的作用。

2．结合教材图 0–5 分析两爪顶拔器的工作原理。

第一章　常用金属材料

§1–1　金属材料的力学性能

一、填空题（将正确答案填写在横线上）

1．金属材料可分为__________________和__________________两大类。

2．金属材料的变形分为__________________和__________________。

3．常用的硬度测量指标有__________________和__________________。

4．金属材料的力学性能是指金属材料抵抗__________与__________所呈现的性能。

二、判断题（正确的，在括号内打"√"；错误的，在括号内打"×"）

1．载荷去除后仍不能恢复的变形称为塑性变形。（　　）

2．硬度越低，材料的耐磨性越好。（　　）

3．金属材料在外力作用下产生塑性变形的能力称为韧性。（　　）

三、选择题（将正确答案的序号填写在括号内）

1．黑色金属是指以（　　）为基础的材料。

A．金属　　B．铁　　C．合金

2．金属抵抗硬的物体压入其表面的能力称为（　　）。

A．强度　　B．硬度　　C．韧性

四、名词解释

1．强度

2．弹性变形

3．冲击韧性

4．疲劳强度

§1-2 黑色金属

一、填空题（将正确答案填写在横线上）

1．常用的铁碳合金有____________、____________和____________等。
2．非合金钢即________钢，其在冶炼时没有特意加入________元素。
3．常用的非合金钢产品主要有______________、______________和______________等。
4．铸造碳钢简称铸钢，其碳质量分数一般为______%~______%。
5．合金结构钢是指在____________的基础上，加入一种或数种____________的钢。
6．合金钢按用途不同可分为________________、____________和____________。
7．常用的合金结构钢有________________和________________。
8．工业上常用铸铁的碳质量分数一般为______%~______%。
9．铸铁一般分为__________、______________、______________和______________四类。
10．常用的可锻铸铁有____________可锻铸铁和____________可锻铸铁。

二、判断题（正确的，在括号内打“√”；错误的，在括号内打“×”）

1．黑色金属通常指以铁为主要成分的合金。（　　）
2．Q195 的强度比 Q275 高。（　　）
3．优质碳素结构钢的硫、磷含量较高。（　　）
4．60 钢的淬透性低。（　　）
5．铸造碳钢主要用来制造形状复杂、力学性能要求不高的零件。（　　）
6．ZG230-450 的焊接性能比 ZG340-640 好。（　　）
7．合金渗碳钢具有高的表面硬度和良好的耐磨性，但心部的强度不高，韧性不好。（　　）

三、选择题（将正确答案的序号填写在括号内）

1．非合金钢的碳质量分数为（　　）。

A．0.218%~2.11%　　B．0.021 8%~2.11%

C．0.021 8%~0.211%

2．碳质量分数为 0.50% 的非合金钢属于（　　）。

A．低碳钢　　B．中碳钢　　C．高碳钢

3．Q235 属于（　　）。

A．碳素结构钢　　B．优质碳素结构钢

C．铸造碳钢

4．优质碳素结构钢的碳质量分数一般小于（　　）。

A．0.5%　　B．7%　　C．0.7%

5．45 钢采用（　　）处理可获得良好的综合力学性能。

A．退火　　B．正火　　C．调质

6．制造螺旋弹簧可以采用的优质碳素结构钢的牌号是（　　）。

A．35　　B．45Mn　　C．65Mn

7．20MnV 属于（　　）淬透性合金渗碳钢。

A．低　　B．中　　C．高

8．制作承受高负荷的渗碳件可采用（　　）。

A．20Cr　　B．20MnV　　C．20Cr2Ni4

9．机床主轴、齿轮等在交变载荷、冲击载荷作用下工作的零件，一般采用（　　）制造。

A．碳素结构钢　　B．合金调质钢　　C．铸铁

10．合金元素含量最多的合金调质钢是（　　）。

A．40Cr　　B．38CrMoAl　　C．40CrMnMo

11．HT300 属于（　　）铸铁。

A．灰　　B．球墨　　C．蠕墨

§1-3　有色金属

一、填空题（将正确答案填写在横线上）

1．常用的铜合金可分为__________、__________、__________三大类。

2．黄铜按生产方式不同可分为__________黄铜和__________黄铜两类。

3．除了黄铜和白铜外，所有的铜基合金都称为__________。

4．按主加元素种类不同，青铜可分为________、________、________和________等。

5．铝合金根据成分和生产工艺不同，可分为________铝合金、________铝合金和________铝合金。

6．变形铝合金根据性能不同，可分为________铝合金、________铝合金、________铝合金和________铝合金四种。

二、判断题（正确的，在括号内打“√”；错误的，在括号内打“×”）

1．压力加工特殊黄铜比压力加工普通黄铜具有更高的强度和硬度。（　　）

2．白铜是以镍为主加合金元素的铜合金。（　　）

3．白铜的耐蚀性不高。（　　）

4．ZCuSn10Pb1 属于压力加工青铜。（　　）

5．铝青铜的耐蚀性、耐磨性和耐热性比锡青铜好。（　　）

6．YZAlSi11Cu3 属于铸造铝合金。（　　）

三、选择题（将正确答案的序号填写在括号内）

1．黄铜是以（　　）为主加合金元素的铜合金。

A．铝　　B．锌　　C．镁

2．ZCuZn38 属于（　　）。

A．压力加工普通黄铜　　B．压力加工特殊黄铜

C．铸造黄铜

3．铜合金中塑性和变形加工性能最好的是（　　）。

A．H68　　B．H62　　C．HMn58–2

4．BFe10–1–1 属于（　　）白铜。

A．铁　　B．锰　　C．锌

5．1050A 属于（　　）。

A．高纯铝　　B．工业高纯铝　　C．工业纯铝

6．下列铝合金中，属于铝镁系防锈铝的是（　　）。

A．5A02　　B．3A21　　C．2A11

7．ZAlSi12 属于（　　）铝合金。

A．变形　　B．铸造　　C．压铸

8．制作承受低负荷、形状复杂的薄壁铸件可采用（　　）。

A．YZAlSi12　　B．YZAlSi9Cu4　　C．YZAlSi17Cu5Mg

四、名词解释

压铸

§1–4　钢的热处理

一、填空题（将正确答案填写在横线上）

1．钢的常用热处理方法分为__________热处理、__________热处理和__________热处理三大类。

2．常用的整体热处理方法主要有__________、__________、__________、__________、__________和时效处理等。

3．根据加热温度和目的不同，常用的退火方法有__________退火、__________退火和__________退火三种。

4．时效处理的目的是消除工件的__________，稳定组织和尺寸，改善__________性能等。

5．表面淬火的工艺是通过快速__________，仅使钢的表层达到__________状态，在热量尚未充分传递到零件内部时就立即予以__________。

6．化学热处理是将工件较长时间置于一定温度的活性介质中__________，使一种或几种化学元素渗入其__________，以改变其__________成分、组织和__________性能的热处理工艺。

7．常用的化学热处理有__________、__________、__________等。

8．渗碳主要用于________________或________________制造的要求耐磨的零件。

二、判断题（正确的，在括号内打“√”；错误的，在括号内打“×”）

1．退火与正火热处理都属于预备热处理工艺。（　　）

2．正火加热的温度一般比退火低。（　　）

3．钢退火后可以降低硬度，提高强度。（　　）

4．渗氮温度比较低，因而工件变形较小。（　　）

三、选择题（将正确答案的序号填写在括号内）

1．生产中把淬火和（　　）回火相结合的热处理工艺称为调质。

A．低温　　B．中温　　C．高温

2．表面淬火只适用于（　　）。

A．低碳合金钢　　B．中碳钢和中碳合金钢

C．高碳钢

3．（　　）处理后的工件，不能承受大的接触应力和冲击载荷。

A．渗碳　　B．渗氮　　C．碳氮共渗

四、名词解释

1．热处理

2．淬火

3．回火

第二章　带传动和链传动

§2–1　带　传　动

一、填空题（将正确答案填写在横线上）

1．带传动一般由__________、____________和____________组成。

2．带传动机构在传递动力时，拉力大的一边称为___________________，拉力小的一边称为____________。

3．带传动的工作原理是：依靠带与带轮接触面间产生的___________或___________来传递___________和___________。

4．带传动的传动比等于______________与______________之比。

5．根据工作原理不同，带传动分为____________带传动和____________带传动两大类。

6．V 带传动是由一条或数条 V 带和 V 带轮组成的__________传动。

7．V 带传动主要有______________传动和______________传动两种形式。

8．V 带根据其结构分为__________ V 带和__________ V 带两种。

9．V 带轮的基准直径是指轮槽_________________处带轮的直径。

10．V 带轮的槽角是指轮槽横截面__________的夹角。

11．普通 V 带按其横截面尺寸由小到大分为______、______、______、______、______、______、______七种型号。

12．V 带轮的包角是指带与带轮接触弧所对应的____________。

13．V 带传动中，两带轮中心距一般为两带轮基准直径之和的__________倍。

14．V 带的根数不宜过多，一般取__________根为宜，最多不能超过______根。

15．同步带传动是__________型带传动。它通过传动带内表面上等距分布的横向齿与带轮上的相应__________啮合来传递运动和动力。

16．同步带是具有等距横向齿的环形传动带，一般由___________、___________、__________和__________四部分组成。

17．同步带的类型很多，常用的有__________齿同步带和__________齿同步带两种。

18．同步带轮按结构分为____________同步带轮和____________同步带轮两种。

二、判断题（正确的，在括号内打“√”；错误的，在括号内打“×”）

1．带传动只能依靠带与带轮接触面间的摩擦力来传递动力。（　　）

2．平带具有柔性好、传递功率及速度范围较广等优点，因此应用最广泛。（　　）

3．同步带传动的传动效率高。（　　）

4．摩擦型带传动的打滑现象既是缺点也是优点。（　　）

5. V 带安装在相应的轮槽内，不仅与轮槽的两侧面接触，而且与槽底接触。（　）

6. 窄 V 带传动适用于传递动力大而又要求传动装置结构紧凑的场合。（　）

7. 窄 V 带的楔角比普通 V 带的楔角小。（　）

8. V 带轮的基准宽度与 V 带的节宽一致。（　）

9. V 带轮的槽型及尺寸要与 V 带完全相同。（　）

10. 两带轮中心距越小，小带轮包角越大。（　）

11. V 带传动的两带轮中心距越大，带的传动能力越强；但中心距过大，反而使带的传动能力下降。（　）

12. V 带传动中，小带轮上的包角一定小于大带轮上的包角。（　）

13. 在 V 带传动中，带速过大或过小都不利于带的传动。（　）

14. V 带传动不能保证准确的传动比。（　）

15. V 带的型号与 V 带轮的型号可以不一致。（　）

16. V 带底面与轮槽底面间应有一定的间隙。（　）

17. 在使用过程中需更换 V 带时，不同新旧程度的 V 带可以同组使用。（　）

18. 同步带传动不是依靠摩擦力而是依靠啮合力来传递运动和动力的。（　）

19. 同步带的传动效率比 V 带高。（　）

20. 同步带的传动准确，具有恒定的传动比。（　）

三、选择题（将正确答案的序号填写在括号内）

1. 在一般机械传动中，应用最广的带传动是（　）。
   A. 平带传动　B. V 带传动　C. 同步带传动

2. 用于传动精度要求较高场合的是（　）。
   A. 平带传动　B. V 带传动　C. 同步带传动

3. 张紧力相对较小的带传动是（　）。
   A. 平带传动　B. V 带传动　C. 同步带传动

4. 普通 V 带的横截面为（　）。
   A. 矩形　B. 圆形　C. 等腰梯形或近似等腰梯形

5. 普通 V 带的相对高度近似为（　）。
   A. 0.7　B. 0.8　C. 0.9

6. 窄 V 带的相对高度与普通 V 带的相对高度相比，其数值（　）。
   A. 大　B. 小　C. 相同

7. 普通 V 带的楔角为（　）。
   A. 36°　B. 38°　C. 40°

8. 普通 V 带按横截面尺寸分为（　）种型号。
   A. 六　B. 七　C. 八

9. 通常情况下，V 带传动的传动比（　）。
   A. <7　B. >7　C. ≤ 7

10.（　）结构用于基准直径较小的带轮。
   A. 实心式　B. 孔板式　C. 轮辐式

11．V 带轮的轮槽角（　　）V 带的楔角。

A．小于　　B．大于　　C．等于

12．在 V 带传动中，带的根数是由所传递的（　　）大小确定的。

A．速度　　B．功率　　C．转速

13．下列选项中，属于 V 带传动特点的是（　　）。

A．传动比准确

B．过载时会发生打滑现象

C．传动效率高

14．V 带装好后，要检查带的松紧程度是否合适，一般以拇指按下带（　　）mm 为宜。

A．5　　B．15　　C．20

15．安装 V 带轮时，两带轮的轴线应相互平行，两带轮轮槽的对称平面应重合，其偏角误差应小于（　　）。

A．2′　　B．20′　　C．2°

16．下列选项中，V 带在轮槽中位置正确的是（　　）。

A． 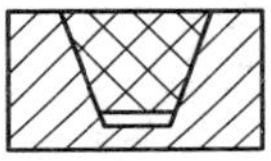　　B． 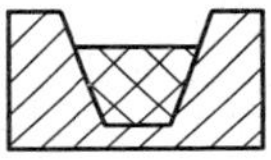　　C．

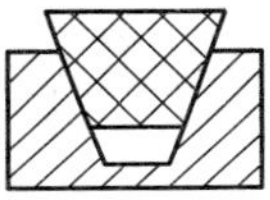

17．普通 V 带的工作温度宜在（　　）℃以下。

A．20　　B．60　　C．50

18．在采用张紧轮的 V 带传动中，张紧轮应置于（　　）处。

A．松边内侧且靠近小带轮

B．紧边内侧且靠近大带轮

C．松边内侧且靠近大带轮

19．（　　）传动具有传动比准确的特点。

A．普通 V 带　　B．窄 V 带　　C．同步带

20．同步带是具有等距（　　）齿的环形传动带。

A．横向　　B．纵向　　C．斜向

21．同步带上齿布的作用是（　　）。

A．增加传递动力的能力

B．保护带齿

C．保护带背

四、名词解释

1．带传动

2. V带的顶宽

3. V带的节宽

4. V带的高度

5. V带的相对高度

6. V带的楔角

7. V带的基准长度

五、简答题

1. 解释V带标记“B2500　GB/T 1171”的含义。

2. 普通V带轮常用什么材料制造?

3．简述普通 V 带传动的优点。

§2–2 链 传 动

一、填空题（将正确答案填写在横线上）

1．链传动由分装在两平行轴上的__________和绕于两链轮上的__________所组成。

2．链传动的制造、安装精度比齿轮传动的要求略______。

3．链传动不宜用于要求__________传动的机械上。

4．常用的滚子链主要有____________、____________和____________三种结构形式。

5．链条中的零件由____________或____________制造，并经____________处理，强度和硬度高，耐磨性好。

6．单排滚子链由____________、____________、销轴、____________和____________等组成。

7．单排滚子链的销轴与套筒之间采用__________配合，滚子与套筒之间采用__________配合。

8．滚子链接头处一般可用____________或____________锁定。

9．链传动的润滑方式主要有__________润滑、__________润滑、浸油润滑、__________润滑和________润滑等。

10．链的松紧度要适宜，太紧会增加_________消耗，轴承容易_________；太松则容易使链________和________。

11．齿形链由一系列的____________和____________交替叠加，用铰链连接而成。

二、判断题（正确的，在括号内打“√”；错误的，在括号内打“×”）

1．链传动的传动比等于主动链轮的齿数与从动链轮的齿数之比。（ ）

2．链传动属于啮合传动，所以瞬时传动比恒定。（ ）

3．链传动能在油污、酸污等不良环境中工作。（ ）

4．链传动张紧力小，作用在轴上的载荷较小。（ ）

5．链条使用一段时间后容易从链轮上脱落。（ ）

6．链传动有过载保护作用。（ ）

7．与带传动相比，链传动的传动效率较高。（ ）

8．单排滚子链的套筒与内链板之间采用过盈配合。（ ）

9. 链的节距越大，承载能力越弱。（ ）

10. 链的节距越大，传动的振动、冲击和噪声也就越严重。（ ）

11. 欲使链条连接时正好内链板和外链板相接，链节数应取偶数。（ ）

12. 链传动的承载能力与链排数成反比。（ ）

13. 大链轮齿数不宜过多，齿数过多会出现跳齿和脱链等现象。（ ）

14. 链传动一般不需要润滑。（ ）

15. 飞溅润滑是指将大链轮浸入油池中将润滑油甩起并溅到链条上。（ ）

16. 在同一传动组件中，两个链轮的对称平面应位于同一平面内。（ ）

17. 链轮严重磨损后，可只更换链轮，而不必更换链条。（ ）

18. 链过长或经使用伸长后难以调整中心距时，可拆去部分链节，但必须为奇数。（ ）

19. 套筒滚子链采用弹簧锁片接头时，弹簧锁片的开口应朝着运动的相反方向。（ ）

三、选择题（将正确答案的序号填写在括号内）

1. 不能保证准确的平均传动比的是（ ）。

A. V 带传动　　B. 同步带传动　　C. 链传动

2. 链传动的传动比一般不大于（ ）。

A. 6　　B. 8　　C. 10

3. 链传动可用作较远距离的传动，两轴中心距可达（ ）m。

A. 4 ~ 8　　B. 5 ~ 6　　C. 8 ~ 10

4. 链传动对（ ）条件要求严格。

A. 中心距　　B. 温度　　C. 润滑

5. 链传动的传动效率为（ ）。

A. 0.85 ~ 0.95　　B. 0.95 ~ 0.98　　C. 0.98 ~ 0.995

6. 链传动的特点是（ ）。

A. 瞬时传动比是恒定的

B. 瞬时速度不是常数

C. 运动中不会产生动载荷和冲击

7. 滚子链的排数一般不超过（ ）排。

A. 三　　B. 四　　C. 五

8. 单排滚子链的销轴与外链板之间采用（ ）配合。

A. 间隙　　B. 过渡　　C. 过盈

9. 链传动中，滚子与链轮轮齿之间主要是（ ）摩擦。

A. 滚动　　B. 滑动　　C. 滚动和滑动共存的

10. 高速、大功率传动时，可选用（ ）。

A. 大节距单排链

B. 小节距的双排链或多排链

C. 大节距的双排链或多排链

11. 一般要求链条速度不大于（ ）m/s。

A．13　　　　B．15　　　　C．17

12．小链轮齿数不宜过少，一般应大于等于（　　）。

A．13　　　　B．15　　　　C．17

13．大链轮的齿数一般应小于（　　）。

A．110　　　　B．120　　　　C．140

14．链轮齿数一般应取（　　）。

A．偶数　　　　B．奇数　　　　C．与链节数互为质数的奇数

15．采用浸油润滑的滚子链传动，链条低边要浸入油池中运行，一般浸油深度为（　　）mm。

A．3～5　　　　B．6～12　　　　C．8～18

16．链的松紧程度要适宜，一般应保证链提起或压下的距离为两链轮中心距的（　　）。

A．2%～3%　　　　B．3%～5%　　　　C．3% 以上

17．要求传动平稳性好、传动速度高、噪声较小时，宜选用（　　）。

A．套筒滚子链　　　　B．多排链　　　　C．齿形链

四、名词解释

1．链传动

2．链传动的传动比

3．节距

五、简答题

1．对链轮的材料有哪些要求？链轮一般用什么材料制造？需要进行什么热处理？

2．齿形链传动有哪些优点？

第三章　螺纹连接和螺旋传动

§3-1　螺纹的基本知识

一、填空题（将正确答案填写在横线上）

1. 在圆柱（或圆锥）外表面上形成的螺纹称为________，在圆柱（或圆锥）内表面上形成的螺纹称为________。在圆柱面上形成的螺纹称为________螺纹，在圆锥面上形成的螺纹称为________螺纹。

2. 螺纹按用途不同可分为________螺纹、________螺纹和________螺纹三大类。

3. 按形成螺纹的表面不同，螺纹可分为______螺纹和______螺纹。

4. 传动螺纹主要有________螺纹、________螺纹和________螺纹。

5. 常见的螺纹牙型有________、________、________和________等。

6. 螺纹牙型上，两相邻牙侧间的夹角称为________。

7. 按螺旋线的线数分类，螺纹可分为________螺纹和________螺纹。

8. 外螺纹的大径和内螺纹的小径又称为________，外螺纹的小径和内螺纹的大径又称为________。

9. 沿一条螺旋线形成的螺纹称为________螺纹，沿两条或两条以上螺旋线形成的螺纹称为________螺纹。

10. 普通螺纹按螺距大小分为________普通螺纹和________普通螺纹两类。

11. 管螺纹主要用于________连接，常用的是________管螺纹。

12. 55°密封管螺纹包括________内螺纹与________外螺纹连接、________内螺纹与________外螺纹连接两种连接方式。

13. 锯齿形螺纹工作面的牙侧角为______，非工作面的牙侧角为______。

二、判断题（正确的，在括号内打“√”；错误的，在括号内打“×”）

1. 螺旋线有右旋和左旋之分，当圆柱轴线直立时，右旋螺旋线的可见部分自右向左升高，左旋螺旋线则自左向右升高。（　　）

2. 矩形螺纹的特征代号为 B。（　　）

3. 左旋螺杆旋入螺孔时沿顺时针旋转，右旋螺杆旋入螺孔时沿逆时针旋转。（　　）

4. 两相邻牙侧间的夹角称为牙侧角。（　　）

5. 螺旋角与螺旋升角的含义是一样的。（　　）

6. 传动螺纹大多采用多线的普通螺纹。（　　）

7. 单线螺纹的导程与螺距相等。 (　　)

8. 普通螺纹的摩擦力大，强度高，自锁性能好。 (　　)

9. 细牙普通螺纹的强度比粗牙普通螺纹低。 (　　)

10. 由于细牙普通螺纹容易磨损和滑扣，所以一般连接多用粗牙普通螺纹。 (　　)

11. 锯齿形螺纹广泛应用于单向受力的传动机构。 (　　)

12. 梯形螺纹的传动效率比矩形螺纹低。 (　　)

三、选择题（将正确答案的序号填写在括号内）

1. 普通螺纹的特征代号为（　　）。
   A．M　　B．G　　C．B
2. 55°密封管螺纹中，与圆锥内螺纹配合的圆锥外螺纹的特征代号为（　　）。
   A．R_1　　B．Rc　　C．R_2
3. 锯齿形螺纹的特征代号是（　　）。
   A．Rc　　B．Tr　　C．B
4. 用于紧固连接的螺纹是（　　）。
   A．普通螺纹　　B．梯形螺纹　　C．矩形螺纹
5. 普通螺纹的牙型为（　　）。
   A．三角形　　B．梯形　　C．锯齿形
6. 与外螺纹牙底或内螺纹牙顶相切的假想圆柱的直径是螺纹的（　　）。
   A．大径　　B．中径　　C．小径
7. 普通螺纹的公称直径是指螺纹的（　　）。
   A．大径　　B．中径　　C．小径
8. 普通螺纹的牙型角为（　　）。
   A．30°　　B．55°　　C．60°
9. 双线螺纹的导程等于螺距的（　　）倍。
   A．2　　B．1　　C．0.5
10. 薄壁零件的连接多采用（　　）。
    A．粗牙普通螺纹　　B．细牙普通螺纹　　C．锯齿形螺纹
11. 微调装置的调整机构一般采用（　　）。
    A．矩形螺纹　　B．锯齿形螺纹　　C．细牙普通螺纹
12. 梯形螺纹广泛用于（　　）。
    A．螺旋传动　　B．螺纹连接　　C．微调机构
13. 管螺纹管壁较薄，为防止过多削弱管壁强度，应采用特殊的（　　）。
    A．粗牙螺纹　　B．细牙螺纹　　C．矩形螺纹
14. 对中性差的螺纹是（　　）。
    A．梯形螺纹　　B．锯齿形螺纹　　C．矩形螺纹
15. 传动效率高的螺纹是（　　）。
    A．梯形螺纹　　B．矩形螺纹　　C．锯齿形螺纹

四、名词解释

1．螺旋线

2．螺纹

3．大径

4．中径

5．螺距

6．导程

7．升角

五、简答题

1．简述判别螺纹旋向的方法。

2．简述矩形螺纹的传动特点及用途。

§3–2　螺纹标记

一、填空题（将正确答案填写在横线上）

1．普通螺纹的标记主要由____________代号、__________代号和__________代号组成。

2．细牙普通单线螺纹的尺寸代号为“__________________×__________”。

3．梯形螺纹和锯齿形螺纹的标记相同，都是由____________代号、____________代号、旋合长度代号和____________代号等组成。

二、判断题（正确的，在括号内打“√”；错误的，在括号内打“×”）

1．粗牙普通螺纹不标注螺距，细牙普通螺纹必须标注螺距。　（　　）

2．M12×1.5 是粗牙普通螺纹。　（　　）

3．普通螺纹的左旋螺纹不标注旋向代号，右旋螺纹在旋合长度代号之后标注“LH”。　（　　）

4．梯形螺纹和锯齿形螺纹的标记中必须标注螺距。　（　　）

5．梯形螺纹的旋向代号标注在标记的尾部。　（　　）

6．梯形螺纹的标记中只标注中径公差带代号。　（　　）

7．“Rp1/2”表示 55°密封管螺纹中的右旋圆柱外螺纹，尺寸代号为 1/2。　（　　）

8．管螺纹的尺寸代号只是一个表示螺纹尺寸特征的代号，不是管螺纹的任何尺寸。　（　　）

三、选择题（将正确答案的序号填写在括号内）

1．“M16 × Ph2P1”表示（　　）。

A．螺距为 1 mm 的单线螺纹

B．螺距为 1 mm 的双线螺纹

C．螺距为 2 mm 的双线螺纹

2．螺纹旋合长度的代号 L 表示（　　）旋合长度。

A．长　　　B．中等　　　C．短

四、简答题

1．解释螺纹标记“M20–LH”的含义。

“M”表示________螺纹，“20”表示螺纹__________直径为 20 mm，没标注导程和螺距说明是__________________________，“LH”表示________。

2．解释螺纹标记“M15 × 1”的含义。

“M”表示_______螺纹，“15”表示螺纹_______直径为 15 mm，“1”表示_______________普通螺纹的________为 1 mm，无旋向代号表示________螺纹。

3．解释螺纹标记“Tr40 × 14P7–LH”的含义。

“Tr”表示________螺纹，“40”表示________直径为 40 mm，“14”表示________为 14 mm，“P7”表示________为 7 mm，“LH”表示________。

§3–3　螺纹连接

一、填空题（将正确答案填写在横线上）

1．常用的螺纹紧固件有__________、双头螺柱、__________、__________、垫圈和防松零件等。

2．常见的螺纹连接有_________连接、___________连接、_________连接和___________连接四种类型。

3．控制预紧力的方法很多，常用的有_____________、_____________和__________________等。

4．螺纹连接常用的防松方法有__________防松、__________防松和______________防松三种形式。

5．弹簧垫圈防松是依靠弹簧垫圈在压平后产生的__________及其切口尖角嵌入________________及__________支承面，以起防松作用。

6．常用的机械防松方法有______________防松、______________防松和______________防松等。

7．破坏螺纹防松是指将螺栓和螺母上的螺纹通过________、________、________或用黏结剂粘接等方法使螺栓和螺母连为一体。

二、判断题（正确的，在括号内打“√”；错误的，在括号内打“×”）

1．螺纹紧固件大都已经标准化。（　　）
2．螺栓连接用于被连接件之一较厚，且不必经常拆卸的场合。（　　）
3．紧定螺钉连接的两个被连接件都需要加工出螺孔。（　　）
4．螺纹连接时，预紧力不能过大，过大会损伤螺杆。（　　）
5．用测力矩扳手或定力矩扳手控制螺纹连接预紧力的方法称为螺母转角法。（　　）
6．单线普通螺纹具有自锁性能，在静载荷下螺纹连接不会自行松开。（　　）
7．双螺母防松是先用 60% 的规定力矩拧紧下面的螺母，再用 100% 的规定力矩拧紧上面的螺母。（　　）
8．机械防松是用金属元件锁住螺旋副，使其不能做相对转动。（　　）
9．串联钢丝防松的钢丝盘绕的方向应是使螺栓旋紧的方向。（　　）
10．冲点防松是指在螺母的螺纹上冲点使螺母和螺杆连为一体的方法。（　　）
11．铆接防松的效果比冲点防松的效果要好，可用于不拆卸的场合。（　　）

三、选择题（将正确答案的序号填写在括号内）

1．“垫圈　GB/T 95　10”中“10”表示（　　）。
A．垫圈的外径　　B．垫圈的内径　　C．与其配套螺母的螺纹大径
2．两被连接件上均为通孔且有足够的装配空间的场合采用（　　）连接。
A．螺栓　　B．双头螺柱　　C．螺钉
3．被连接件上的螺纹易损坏的螺纹连接是（　　）连接。
A．螺栓　　B．双头螺柱　　C．螺钉
4．（　　）连接用于被连接件之一为不通孔并需经常拆卸的场合。
A．螺栓　　B．双头螺柱　　C．螺钉
5．（　　）连接用于固定两被连接件的相互位置。
A．双头螺柱　　B．螺栓　　C．紧定螺钉
6．靠操作者在拧紧时的感觉和经验控制螺纹连接预紧力的方法是（　　）。
A．感觉法　　B．力矩法　　C．螺母转角法
7．（　　）不适用于双头螺柱的防松。
A．双螺母防松　　B．开口销防松　　C．串联钢丝防松
8．下列选项中，属于机械防松方法的是（　　）。
A．双螺母防松　　B．冲点防松　　C．止动垫圈防松

四、简答题

1．解释“螺栓　GB/T 5780　M12 × 50”的含义。

2．解释“螺柱　GB/T 899　M12×50”的含义。

3．解释“螺钉　GB/T 819.1　M6×20”的含义。

4．什么是螺纹连接的预紧？预紧的目的是什么？

§3-4　螺旋传动

一、填空题（将正确答案填写在横线上）

1．螺旋传动是利用螺杆（丝杠）和螺母组成的__________副来实现传动的。

2．按螺旋副之间的摩擦状态不同，可将螺旋传动分为________螺旋传动和________螺旋传动。

3．滑动螺旋传动分为__________螺旋传动和__________螺旋传动两种类型。

4．普通螺旋传动的形式可以分为__________螺旋传动和__________螺旋传动两类。

5．单动螺旋传动有两种运动形式，其中一种形式是__________不动，__________旋转并做直线运动；另一种形式是__________不动，__________旋转并做直线运动。

6．双动螺旋传动有两种运动形式，其中一种形式是__________原位旋转，__________做直线运动；另一种形式是__________原位旋转，__________做直线运动。

7．根据传动中两螺旋副的旋向不同，差动螺旋传动可分为________________的差动螺旋传动和________________的差动螺旋传动两种形式。

8．螺杆材料应具有较高的__________和良好的__________。

9．螺母材料除了要有足够的强度外，和螺杆配合后还应具有较低的______________和较高的____________。

10．用于立式车床中的滑动螺旋传动的润滑油，必须选用黏度高、抗磨性好的____________。

11．在螺旋传动的螺杆和螺母间的____________中置入滚动体（一般为钢球），就构成了滚动螺旋传动。

二、判断题（正确的，在括号内打“√”；错误的，在括号内打“×”）

1. 在判断普通螺旋传动的运动方向时，左旋螺纹用左手判断，右旋螺纹用右手判断。（　　）
2. 桌虎钳夹紧工件机构采用了螺杆原位旋转，螺母做直线运动的螺旋传动机构。（　　）
3. 旋向相同的差动螺旋传动是指螺杆上两段螺纹旋向和螺距相同的螺旋传动。（　　）
4. 旋向相反的差动螺旋传动中，两活动螺母之间可以产生很小的相对位移。（　　）
5. 要求耐磨性高的螺杆，可选 65Mn 并进行淬火热处理。（　　）
6. 中型或载荷较重的螺旋副应采用一般黏度的 L-AN 全损耗系统用油或涡轮机油。（　　）

三、选择题（将正确答案的序号填写在括号内）

1. 在螺母固定不动，螺杆旋转并做直线运动的螺旋传动机构中，螺杆的移动方向与（　　）有关。
   A. 螺杆的回转方向
   B. 螺纹的旋向
   C. 螺杆的回转方向和螺纹的旋向
2. 紧绳器上的螺旋传动属于（　　）。
   A. 螺母原位旋转，螺杆做直线运动的普通螺旋传动
   B. 旋向相同的差动螺旋传动
   C. 旋向相反的差动螺旋传动
3. 选择螺杆材料时，不经热处理的螺杆可选（　　）。
   A. 45 钢　　B. CrWMn　　C. 38CrMoAlA
4. 小型轻载螺旋副的润滑可选用（　　）。
   A. 低黏度的 L-AN 全损耗系统用油
   B. 涡轮机油
   C. 高黏度的齿轮油
5. 精密机床中的螺旋传动宜选用（　　）。
   A. 高黏度的齿轮油
   B. 一般黏度的 L-AN 全损耗系统用油
   C. 黏度低且抗磨性好的轴承油或液压油
6. 管钳的夹紧机构采用的是（　　）。
   A. 螺母固定不动，螺杆旋转并做直线运动
   B. 螺母原位旋转，螺杆做直线运动
   C. 螺杆原位旋转，螺母做直线运动
7. 机用虎钳的夹紧机构采用的是（　　）。
   A. 螺母固定不动，螺杆旋转并做直线运动
   B. 螺杆固定不动，螺母旋转并做直线运动
   C. 螺杆旋转，螺母做直线运动

四、名词解释

1．普通螺旋传动

2．单动螺旋传动

3．差动螺旋传动

五、简答题

1．简述螺旋传动的优点。

2．结合教材表 3–8 分析桌虎钳底座夹紧装置的工作原理。

3．结合教材表 3–8 分析螺旋千斤顶的工作原理。

4．结合教材表 3–9 分析桌虎钳夹紧工件机构的工作原理。

5．结合教材表 3–9 分析观察镜螺旋调整装置的工作原理。

6．简述滑动螺旋传动的润滑方式。

六、综合题

1．图 3–1 所示为某车床的车刀横向进给机构，该机构螺旋副的螺纹为右旋，当螺杆按图示方向旋转时，试判断车刀的进给方向。

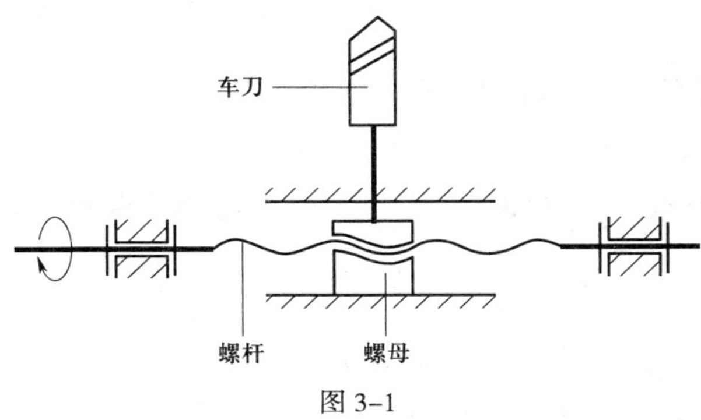

图 3–1

2．图 3–2 所示为两爪顶拔器，该装置螺旋副的螺纹为左旋，当螺杆按图示方向旋转时，试判断螺杆的移动方向。

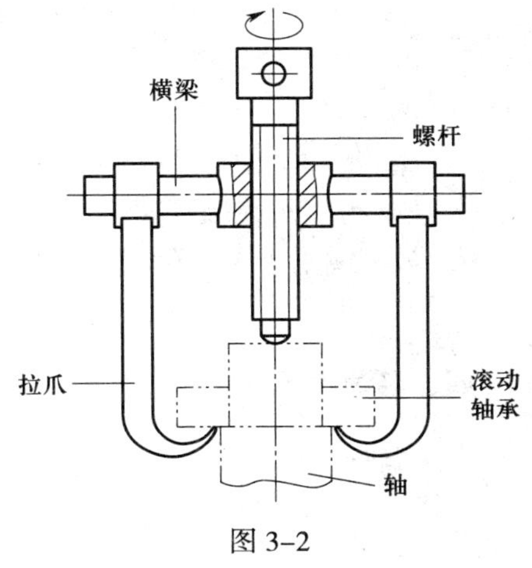

图 3–2

第四章　齿轮传动与蜗杆传动

§4–1　齿轮传动概述

一、填空题（将正确答案填写在横线上）

1. 齿轮传动是利用____________来传递运动和（或）动力的一种机械传动。

2. 两轴平行的齿轮传动，按轮齿方向不同可分为________________、________________和______________________。

3. 两轴平行的齿轮传动，按啮合情况不同可分为________________、________________和______________________。

二、判断题（正确的，在括号内打“√”；错误的，在括号内打“×”）

1. 齿轮传动是利用主、从动齿轮的轮齿与轮齿之间的摩擦力来传递运动和动力的。（　　）

2. 齿轮传动可以用来传递空间任意两轴间的运动，且传动准确可靠，效率高。（　　）

3. 斜齿圆柱齿轮传动只能用来传递两平行轴之间的运动和（或）动力。（　　）

4. 齿轮传动的传动比等于主动齿轮的齿数与从动齿轮的齿数之比。（　　）

5. 齿轮传动的瞬时传动比恒定，工作可靠性高，运转过程中没有振动、冲击和噪声，所以应用广泛。（　　）

6. 齿轮的安装精度要求较低。（　　）

三、选择题（将正确答案的序号填写在括号内）

1. 能保证瞬时传动比恒定、工作可靠性高、传递运动准确的是（　　）传动。
   A．带　　B．链　　C．齿轮

2. 齿轮传动的优点是（　　）。
   A．可实现较大传动比
   B．传动平稳，无振动、冲击和噪声
   C．可实现无级变速

3. 最不适用于中心距较大场合的是（　　）传动。
   A．带　　B．链　　C．齿轮

四、名词解释

1. 齿轮

2．齿轮传动的传动比

§4–2　直齿圆柱齿轮传动

一、填空题（将正确答案填写在横线上）

1．渐开线在基圆上的压力角为______，渐开线上离基圆越远的点其压力角越______。

2．齿顶曲面位于齿根曲面之外的齿轮称为______齿轮，齿顶曲面位于齿根曲面之内的齿轮称为______齿轮。

3．齿轮上凸起的部分称为________，轮齿两侧形状相同而方向相反的渐开线轮廓称为________。

4．齿轮上相邻两轮齿之间的空间称为______，在任意圆周上同一齿槽的两侧齿廓之间的弧长称为__________。

5．各轮齿顶部所连成的圆称为__________，各齿槽底部所连成的圆称为__________。

6．齿顶圆与齿根圆之间的径向距离称为__________，齿轮的有齿部位沿分度圆柱面的母线方向度量的宽度称为__________。

7．分度圆的压力角也称为__________，标准齿轮的压力角为________。

8．标准直齿圆柱齿轮的齿顶高系数为________，顶隙系数为________。

9．两外齿轮相互啮合的传动称为__________齿轮传动，一个内齿轮与一个外齿轮啮合的传动称为__________齿轮传动。

10．当要求齿轮传动的两轴平行、旋转方向相同且结构紧凑时，可采用__________齿轮传动。

11．直齿圆柱齿轮正确啮合的条件是：两齿轮的模数必须__________；两齿轮分度圆上的压力角必须__________。

12．侧隙的大小与齿轮的__________、__________、安装和应用情况有关。

13．相比斜齿圆柱齿轮，直齿圆柱齿轮制造工艺________，生产成本________。

二、判断题（正确的，在括号内打“√”；错误的，在括号内打“×”）

1．渐开线上各点的压力角是不相等的。（　　）

2．同一基圆上产生的渐开线的形状不相同。（　　）

3．渐开线齿轮在啮合过程中，即使两轮的实际中心距与设计的中心距稍有偏差，其瞬

时传动比仍能保持不变。 ( )

4．外齿轮轮齿的齿廓是外凸的，内齿轮轮齿的齿廓也是外凸的。 ( )

5．在任意圆周上同一个轮齿的两侧端面齿廓之间的弦长称为齿厚。 ( )

6．外齿轮的齿顶圆直径大于齿根圆直径。 ( )

7．外啮合两齿轮的旋转方向相同，内啮合两齿轮的旋转方向相反。 ( )

8．机械中大部分情况下都是采用内啮合齿轮传动。 ( )

9．在机械设计中，齿轮都是按照无齿侧间隙的理想情况计算其公称尺寸。 ( )

10．直齿圆柱齿轮传动时不会产生轴向力，对轴承的要求相对简单。 ( )

11．直齿圆柱齿轮传动容易产生冲击、振动和噪声，传动平稳性较差。 ( )

三、选择题（将正确答案的序号填写在括号内）

1．渐开线齿轮就是以（ ）作为齿廓的齿轮。

A．同一基圆上产生的两条反向渐开线

B．任意两条反向渐开线

C．两个半径不同的基圆产生的两条反向渐开线

2．在齿轮端平面的任意圆周上，两个相邻的同侧齿廓之间的弧长称为（ ）。

A．齿厚 B．齿槽宽 C．齿距

3．齿轮压力角一般是指（ ）上的压力角。

A．齿顶圆 B．齿根圆 C．分度圆

4．标准齿轮分度圆上的压力角一般为（ ）。

A．10° B．20° C．30°

5．标准直齿圆柱齿轮的分度圆齿厚（ ）齿槽宽。

A．大于 B．等于 C．小于

6．直齿圆柱齿轮用于（ ）轴间的传动。

A．平行 B．相交 C．交错

7．直齿圆柱齿轮轮齿的齿根高应（ ）齿顶高。

A．大于 B．小于 C．等于

8．内齿轮的齿顶圆直径（ ）分度圆直径，齿根圆直径（ ）分度圆直径。

A．大于 B．小于 C．等于

9．直齿圆柱齿轮传动适用于（ ）的场合。

A．高速传动 B．不会产生轴向力 C．传动平稳性要求较高

10．两渐开线直齿圆柱齿轮正确啮合的条件是（ ）。

A．$m_1=m_2$ B．$\alpha_1=\alpha_2$ C．$m_1=m_2$ 且 $\alpha_1=\alpha_2$

四、名词解释

1．渐开线

2. 渐开线的压力角

3. 分度圆

4. 模数

5. 齿侧间隙

§4–3 其他齿轮传动

一、填空题（将正确答案填写在横线上）

1. 当一对直齿圆柱齿轮相互啮合时，两轮齿面的接触线是一条平行于__________的直线。

2. 齿轮齿条传动可以将齿轮的旋转运动转换为齿条的___________运动，或将齿条的往复直线运动转换为齿轮的________运动。

3. 锥齿轮是指分度曲面为______________的齿轮，其类型有______________锥齿轮、__________锥齿轮和__________锥齿轮等。

二、判断题（正确的，在括号内打“√”；错误的，在括号内打“×”）

1. 当一对斜齿圆柱齿轮啮合时，两齿轮齿面的接触线是一条螺旋线。（ ）
2. 斜齿圆柱齿轮的端面齿廓是标准的渐开线。（ ）
3. 斜齿圆柱齿轮的螺旋角越大，传动平稳性越差。（ ）
4. 斜齿圆柱齿轮不会产生轴向力。（ ）
5. 斜齿圆柱齿轮的端面模数取标准值。（ ）
6. 一对外斜齿圆柱齿轮啮合传动时，两齿轮螺旋角大小相等，旋向相同。（ ）

7．斜齿圆柱齿轮同时啮合的轮齿对数比直齿圆柱齿轮多，因此传动平稳性比直齿圆柱齿轮差。（ ）

8．人字齿轮不会产生轴向力。（ ）

9．斜齿圆柱齿轮传动适用于高速、大功率传动的场合。（ ）

10．齿条齿廓上各点的齿形角均相等，都等于标准值 20°。（ ）

11．直齿锥齿轮两轴间的交角可以是任意的。（ ）

12．两个齿数不同的齿轮啮合时，齿数多的齿轮转速高，齿数少的齿轮转速低。（ ）

三、选择题（将正确答案的序号填写在括号内）

1．斜齿圆柱齿轮的螺旋角是指（ ）上的螺旋角。

A．齿顶圆柱面　B．齿根圆柱面　C．分度圆柱面

2．国家标准规定，斜齿圆柱齿轮的（ ）压力角为标准值。

A．法向　B．端面　C．法面和端面

3．图 4–1 所示为（ ）圆柱齿轮。

A．左旋斜齿　B．右旋斜齿　C．直齿

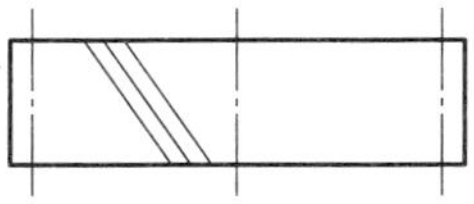

图 4–1

4．（ ）齿轮具有承载能力大、传动平稳、使用寿命长等特点。

A．斜齿圆柱　B．直齿圆柱　C．锥

5．直齿锥齿轮应用于两轴（ ）的传动。

A．平行　B．相交　C．相错

6．齿条的齿廓是（ ）。

A．圆弧　B．渐开线　C．直线

7．斜齿圆柱齿轮传动时，其轮齿啮合线（ ）。

A．保持不变

B．先由长变短，再由短变长

C．先由短变长，再由长变短

8．下列各齿轮传动中，不会产生轴向力的是（ ）。

A．直齿圆柱齿轮传动

B．斜齿圆柱齿轮传动

C．直齿锥齿轮传动

四、简答题

1．简述斜齿圆柱齿轮正确啮合的条件。

2. 简述斜齿圆柱齿轮传动的特点。

§4–4 齿轮的失效、材料与热处理

一、填空题（将正确答案填写在横线上）

1. 齿轮轮齿的失效形式主要有________________、________________、______________、______________、______________等。

2. 轮齿折断分为______________和______________两种情况。

3. 齿面磨损是指在齿轮啮合传动过程中，轮齿接触表面上的材料出现______________的现象。

4. 减少齿面磨损的措施有提高齿面__________，__________表面粗糙度值，齿轮副采用合适的__________组合，改善__________条件和工作条件。

5. 防止齿面塑性变形的措施有选用黏度__________的润滑油，提高齿面__________，避免频繁启动和__________等。

6. 理想的齿轮材料应保证齿面______________、齿心______________，同时还具有良好的____________性能和__________性能。

7. 常用的齿轮材料为____________、____________、铸钢、____________和非金属材料等。

8. 钢制齿轮的热处理方法主要有________、渗碳、________、调质、________等。

二、判断题（正确的，在括号内打"√"；错误的，在括号内打"×"）

1. 直齿轮容易发生轮齿的局部折断。（　　）
2. 适当减小齿轮齿面的表面粗糙度值可预防齿面点蚀和增强抗胶合能力。（　　）
3. 为防止齿面胶合，对低速齿轮传动应采用黏度较小的润滑油。（　　）
4. 提高齿面硬度，可以有效地防止或减缓齿面磨损。（　　）
5. 齿轮必须采用锻件或轧制钢材制造。（　　）
6. 当齿轮结构尺寸较大、轮坯不易锻造时可采用铸钢。（　　）
7. 低速重载的齿轮易产生齿面塑性变形，轮齿也易折断，宜选用硬度较高的材料，强度可以低些。（　　）

三、选择题（将正确答案的序号填写在括号内）

1. 直齿轮的轮齿折断一般发生在（　　）部位。

A．齿顶　　B．齿根　　C．轮齿的中间

2. 齿面点蚀首先出现在（　　）。

A．齿根部位 B．分度圆柱面上侧

C．分度圆柱面下侧

3．在（ ）齿轮传动中，容易发生齿面磨损。

A．开式 B．闭式 C．开式和闭式

4．对齿根表面进行喷丸或碾压等强化处理是防止（ ）的措施之一。

A．齿面点蚀 B．齿面磨损 C．轮齿折断

5．开式低速传动齿轮可采用（ ）制造。

A．铸钢 B．灰铸铁或球墨铸铁

C．非金属材料

6．高速齿轮宜选用（ ）的材料。

A．综合性能好 B．齿面硬度高 C．韧性好

四、名词解释

1．齿轮的失效

2．齿面塑性变形

五、简答题

1．防止齿面点蚀的措施有哪些？

2．防止齿面胶合的措施有哪些？

§4–5 齿轮的结构与润滑

一、填空题（将正确答案填写在横线上）

1．按结构不同，齿轮可分为__________、_____________、_____________和_____________等。

2．________齿轮传动及低速、轻载、不是很重要的________齿轮传动，通常采用人工定期润滑，润滑剂可采用________或________。

3．当多级闭式齿轮传动中低速级大齿轮浸油深度合适，而高速级大齿轮未能浸入油中时，可采用_________给高速级大齿轮供油。

4．循环润滑要求润滑油的_________好，宜选用黏度_____的润滑油。

二、判断题（正确的，在括号内打“√”；错误的，在括号内打“×”）

1．对于直径较小的钢制齿轮，若其齿根圆直径与轴径相差不大，应将齿轮与轴制成一体。（　　）

2．闭式齿轮传动的润滑方式与齿轮的结构有关，与齿轮的圆周速度 v 无关。（　　）

3．采用油池润滑的闭式圆柱齿轮传动，大齿轮的最大浸油深度不超过大齿轮分度圆半径的 1/3。（　　）

4．速度高的齿轮选用低黏度润滑油，速度低的齿轮选用高黏度润滑油。（　　）

5．采用油池润滑时，油面过低会增加搅油功率的损失。（　　）

三、选择题（将正确答案的序号填写在括号内）

1．当齿轮的齿顶圆直径 $d_a \leqslant 200$ mm，且齿根圆到键槽底部的径向距离 $e > 2.5$ mm 时，可采用（　　）结构。

A．实心式　　B．腹板式　　C．轮辐式

2．当齿轮的齿顶圆直径 d_a 大于（　　）mm 时，可采用轮辐式结构。

A．200　　B．300　　C．500

3．闭式齿轮传动中，当齿轮圆周速度 v（　　）m/s 时多采用油池润滑。

A．小于 10　　B．小于 12　　C．大于 12

4．采用油池润滑的闭式圆柱齿轮传动，大齿轮浸入油池的深度以（　　）个齿高为宜。

A．1 ~ 2　　B．小于 2　　C．大于 2

5．采用油池润滑的闭式齿轮传动装置，一般应保证大齿轮的齿顶圆到油池底面的距离（　　）mm。

A．不大于 30　　B．不小于 30　　C．不小于 20

6．当齿轮圆周速度 $v \geqslant 12$ m/s 时，应采用（　　）润滑。

A．油池　　B．带油轮　　C．喷油

7．选择齿轮润滑油时，（　　）的齿轮可选用抗氧防锈齿轮油。

A．轻负荷

B．负荷较大、滑移较大

C．重负荷又有强烈冲击

四、简答题

1．为什么要对齿轮进行润滑？

2．选择齿轮润滑油时应主要考虑哪些因素？

§4-6　蜗 杆 传 动

一、填空题（将正确答案填写在横线上）

1．蜗杆传动是指由________与________互相啮合组成的交错轴间的________传动。

2．阿基米德圆柱蜗杆的轴向齿廓为____________，法面齿廓为____________。

3．组合式蜗轮的连接方式有________连接、________________连接和________连接。

4．蜗杆传动的发热量________，效率________。

5．蜗杆传动的主要失效形式为________，其次是________和________。

6．对于高速重载的蜗杆，其材料可选用15Cr、20Cr、20CrMnTi和20MnVB等______________，也可选用40、45等__________________和40Cr、40CrNi等__________________。

7．为提高蜗杆传动的抗胶合能力，可在润滑油中加入适量的添加剂，如______________、______________、油性极压添加剂等。

8．闭式蜗杆传动的润滑方法主要有__________润滑和__________润滑两种。

二、判断题（正确的，在括号内打"√"；错误的，在括号内打"×"）

1．阿基米德圆柱蜗杆的轴向齿廓为渐开线，法面齿廓为直线。（　　）

2．蜗杆传动的传动平稳、噪声小是因为蜗轮与蜗杆的啮合是逐渐进入并逐渐退出的，

同时啮合的齿数较多。（　　）

3．蜗杆传动可实现自锁，能起安全保护作用。（　　）

4．蜗杆上的轴向力较小，轴承不易磨损。（　　）

5．蜗杆头数越少，越容易自锁。（　　）

6．一对互相啮合的蜗杆与蜗轮，其旋向应相反。（　　）

7．蜗杆传动的相对滑动速度不大。（　　）

8．为提高蜗杆传动的抗胶合能力，常采用黏度较小的矿物油。（　　）

三、选择题（将正确答案的序号填写在括号内）

1．蜗杆传动中，蜗杆与蜗轮轴线在空间一般交错成（　　）。

A．30°　　B．60°　　C．90°

2．蜗杆头数越多，则（　　）。

A．传动效率越低　　B．加工越困难　　C．越容易自锁

3．图 4–2 所示为（　　）。

A．左旋斜齿圆柱齿轮

B．右旋蜗杆

C．左旋蜗杆

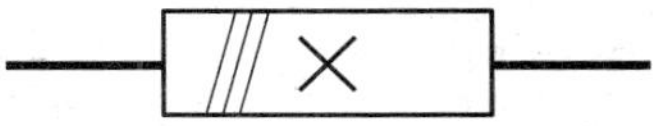

图 4–2

4．（　　）是制造蜗轮轮齿的常用材料。

A．锡青铜　　B．20Cr　　C．45 钢

5．组合式蜗轮的轮芯可采用（　　）制造。

A．铸铁　　B．碳素结构钢　　C．合金钢

6．蜗杆下置时，油池浸油润滑的浸油深度以蜗杆（　　）个齿高为宜。

A．半　　B．一　　C．两

7．蜗轮下置时，油池浸油润滑的浸油深度可取蜗轮半径的（　　）。

A．1/6 ~ 1/3　　B．1/3 ~ 1/2　　C．1/6 ~ 1/2

四、名词解释

1．蜗杆

2．蜗轮

五、综合题

判断图 4–3 所示蜗轮、蜗杆的回转方向或螺旋方向，并绘制相应的回转符号或旋向符号。

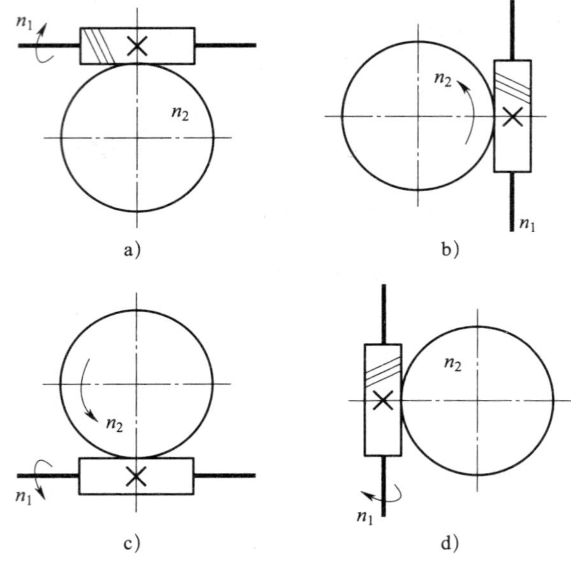

图 4–3

1．判断图 a 中蜗轮的回转方向。
2．判断图 b 中蜗杆的回转方向。
3．判断图 c 中蜗杆的旋向。
4．判断图 d 中蜗轮的回转方向。

§4–7　轮　　系

一、填空题（将正确答案填写在横线上）

1．为了满足机器的功能要求和实际工作需要，所采用的多对相互啮合齿轮组成的传动系统称为________。

2．按照传动时各齿轮的轴线位置是否固定，轮系分为______________、______________和______________三大类。

3．周转轮系由____________、____________、____________和____________组成。

4．周转轮系分为____________轮系与____________轮系两种。

5. 齿轮在轴上的固定方式有______________、______________和______________三种。

6. 齿轮与轴空套是指齿轮套在轴上，齿轮与轴可以______________，但齿轮不能______________。

7. 采用行星轮系可以将________独立的运动合成为________运动，或将________运动分解为________独立的运动。

二、判断题（正确的，在括号内打“√”；错误的，在括号内打“×”）

1. 周转轮系中，处于中心位置的外齿轮称为行星齿轮。（　　）
2. 太阳轮和内齿圈都是中心轮。（　　）
3. 周转轮系的行星齿轮是一个惰轮。（　　）
4. 差动轮系只有一个自由度，行星轮系有两个自由度。（　　）
5. 在轮系中，齿轮与轴之间固定，是指齿轮与轴一同转动，且齿轮能沿轴向移动。（　　）
6. 轮系既可以传递相距较远的两轴之间的运动，又可以获得很大的传动比。（　　）
7. 轮系可以方便地实现变速要求，但不能实现变向要求。（　　）
8. 采用轮系，可使传动机构的结构紧凑，缩小传动装置占用的空间，节约材料。（　　）

三、选择题（将正确答案的序号填写在括号内）

1. 周转轮系由（　　）个齿轮组成。
   A．2　　B．3　　C．4
2. 用于支承行星齿轮且与太阳轮同轴线旋转的构件称为（　　）。
   A．行星轮　　B．行星架　　C．惰轮架
3. 在轮系中，若齿轮与轴各自转动，互不影响，则齿轮与轴之间的位置关系是（　　）。
   A．齿轮与轴固连　　B．齿轮与轴空套　　C．齿轮在轴上滑移
4. 当两轴相距较远，且要求瞬时传动比准确时，应采用（　　）传动。
   A．带　　B．链　　C．轮系
5. 在轮系中，齿轮与轴之间滑移，是指齿轮与轴周向固定，齿轮可沿（　　）滑移。
   A．周向　　B．轴向　　C．径向

四、名词解释

1. 定轴轮系

2．周转轮系

3．行星轮系

4．差动轮系

5．混合轮系

五、简答题

轮系有哪些应用特点？

第五章 常用机构

§5-1 平面连杆机构

一、填空题（将正确答案填写在横线上）

1．在铰链四杆机构中，固定不动的构件称为__________。

2．能绕固定轴做整周旋转运动的连架杆称为__________，只能绕固定轴在一定角度（小于 180°）范围内往复摆动的连架杆称为__________。

3．铰链四杆机构按两连架杆的运动形式不同，可分为____________机构、________机构和________机构三种基本类型。

4．常见的双曲柄机构有____________双曲柄机构和____________双曲柄机构等。

5．通常不等长双曲柄机构的主动曲柄做__________转动，从动曲柄做__________转动。

6．平行双曲柄机构的四个构件在任何位置均形成________________，两曲柄的旋转方向与角速度__________。

7．曲柄滑块机构由__________、__________、__________和机架组成。

8．在曲柄滑块机构中，若以曲柄为主动件，则可以把曲柄的__________运动转换成滑块的________________运动。

9．曲柄和导杆均能做整周旋转运动的导杆机构称为________________机构。曲柄做整周转动时，导杆只能做往复摆动的导杆机构称为________________机构。

10．若将曲柄滑块机构的连杆作为机架，滑块只能摆动，就得到了______________机构。

11．偏心轮机构用于受力__________且摇杆或滑块行程__________的机械中，如颚式破碎机、冲床等。

二、判断题（正确的，在括号内打“√”；错误的，在括号内打“×”）

1．铰链四杆机构是一种空间运动机构。（　　）

2．平面连杆机构的从动件只能摆动。（　　）

3．在铰链四杆机构中，与机架相连的构件称为连杆。（　　）

4．双曲柄机构中两个曲柄的长度可以相等也可以不相等。（　　）

5．两连架杆长度不等的铰链四杆机构称为不等长双曲柄机构。（　　）

6．平行双曲柄机构的两曲柄长度相等、转向相同，但连杆与机架的长度可以不相等。（　　）

7．双摇杆机构的两个连架杆必须相等。（　　）

8．曲柄滑块机构的曲柄做旋转运动，滑块做往复直线运动。（　　）

9．曲柄滑块机构的曲柄只能做主动件，滑块只能做从动件。（　　）

10. 内燃机采用了曲柄滑块机构。 （ ）

11. 冲压机的传动机构中，滑块为主动件。 （ ）

12. 牛头刨床刨刀的切削运动由摆动导杆机构实现。 （ ）

三、选择题（将正确答案的序号填写在括号内）

1. 门座式起重机利用（ ）实现货物的水平移动。

A．齿轮齿条传动机构

B．蜗杆传动机构

C．平面连杆机构

2. 最常用的平面连杆机构是具有（ ）个构件（包括机架）的机构。

A．3　　B．4　　C．5

3. 构件间以四个转动副相连的平面四杆机构称为（ ）。

A．四杆机构

B．平面连杆机构

C．铰链四杆机构

4. 在铰链四杆机构中，能绕固定轴做整周旋转运动的连架杆称为（ ）。

A．连杆　　B．摇杆　　C．曲柄

5. 铰链四杆机构中，不与机架直接连接的杆件称为（ ）。

A．摇杆　　B．连架杆　　C．连杆

6. 平行双曲柄机构中的两曲柄（ ）。

A．长度相等，旋转方向相同

B．长度不等，旋转方向相同

C．长度相等，旋转方向相反

7. 托盘天平采用的是（ ）机构。

A．双摇杆　　B．不等长双曲柄　　C．平行双曲柄

8. 曲柄滑块机构是由（ ）机构演化而来的。

A．曲柄摇杆　　B．双曲柄　　C．双摇杆

9. 导杆机构可以看作在（ ）机构中选取曲柄作为机架演化而成。

A．曲柄摇杆　　B．双曲柄　　C．曲柄滑块

10. 曲柄摇块机构可以看作在曲柄滑块机构中选取（ ）作为机架演化而成。

A．曲柄　　B．滑块　　C．连杆

11. 冲压机采用的是（ ）机构。

A．转动导杆　　B．曲柄滑块　　C．摆动导杆

12.（ ）采用了曲柄摇块机构。

A．吊车升降机构

B．牛头刨床主运动的传动机构

C．内燃机活塞连杆组件

13. 在曲柄滑块机构的应用中，可以用一个偏心轮代替（ ）。

A．滑块　　B．连杆　　C．曲柄

四、名词解释

1．曲柄摇杆机构

2．双曲柄机构

3．双摇杆机构

4．曲柄滑块机构

5．导杆机构

五、简答题

1．结合教材图 5–6 分析汽车玻璃窗雨刮的工作原理。

汽车玻璃窗雨刮采用了________________机构。当电动机带动主动曲柄 *AB* 旋转时，从动摇杆 *CD* 做________________，利用摇杆的________________实现刮水动作。

2．结合教材图 5–8 分析惯性筛的工作原理。

惯性筛通过__________________机构使筛子左右摆动，使粗、细物料分离。主动曲柄 *AB* 做匀速转动，从动曲柄 *CD* 做______________________，通过构件 *CE* 使筛子产生__________________运动，筛子内的物料因惯性而来回做往复______________，从而达到筛分物料的目的。

3．结合教材图 5–12 分析飞机起落架的工作原理。

飞机起落架机构采用了______________机构。飞机着陆前，需要将______________从机翼中推放出来；起飞后，为了减小空气阻力，又需要将______________收入机翼中。这些动作是通过转动________________，利用______________、______________带动机轮实现的。

4．结合教材图 5–20 分析吊车升降机构的工作原理。

吊车升降机构中液压缸的缸体相当于__________，活塞杆相当于__________，当液压油推动活塞杆__________移动时，使起重臂绕 *B* 点______________摆动，吊钩__________，吊起重物。

§5–2 凸轮机构

一、填空题（将正确答案填写在横线上）

1. 凸轮机构由__________、__________和机架三个基本构件组成。

2. 凸轮是一个具有________轮廓或________的构件。

3. 凸轮机构按凸轮形状不同可分为________凸轮机构、________凸轮机构、________凸轮机构和______________凸轮机构。

4. 盘形凸轮为________尺寸变化的盘形构件。

5. 盘形凸轮机构的从动件在垂直于旋转轴的平面内做______________或___________。

6. 圆柱凸轮为一个有________的圆柱体，它绕中心轴做________运动。

7. 凸轮机构的从动件端部形状主要有________、________、________和________等。

8. 滚子从动件与凸轮接触的一端装有____________，凸轮与从动件为滚子接触，有利于____________。

9. 凸轮机构中最常用的运动形式为凸轮做_____________运动，从动件做_____________。

10. 对心外轮廓盘形凸轮机构的凸轮旋转时，从动件做______、______、______、______的运动循环。

11. 凸轮机构的主要失效形式是凸轮与从动件接触表面的_____________和_________。

二、判断题（正确的，在括号内打“√”；错误的，在括号内打“×”）

1. 凸轮机构可以使从动件准确地实现某种有规律的特殊运动。（　　）

2. 凸轮机构是低副机构。（　　）

3. 移动凸轮在工作时做相对于机架的直线往复移动。（　　）

4. 圆柱凸轮机构的从动件只能在平行于凸轮轴线的平面内做直线移动，而不能摆动。（　　）

5. 采用尖顶从动件的凸轮机构能准确地实现任意运动规律，构造最简单。（　　）

6. 平底从动件的凸轮机构易于形成楔形油膜，润滑较好，常用于高速传动。（　　）

三、选择题（将正确答案的序号填写在括号内）

1. 凸轮机构中凸轮通常做（　　）。

A. 等速转动或移动　　B. 有规律的移动　　C. 有规律的转动

2. 凸轮与从动件接触处的运动副属于（　　）。

A. 转动副　　B. 凸轮副　　C. 移动副

3. 盘形凸轮机构的主动件做（　　）。

A. 往复摆动　　B. 往复移动　　C. 旋转运动

4. 移动凸轮为一个有曲面的（　　）构件。

A. 直线运动　　B. 摆动　　C. 旋转

5.（　　）凸轮是一端带有曲面的圆柱体。

A．盘形　　B．圆柱　　C．端面圆柱

6. 凸轮机构中，从动件构造最简单的是（　　）从动件。

A．平底　　B．滚子　　C．尖顶

7. 凸轮机构工作时，从动件由最低位置被推到最高位置的运动过程称为（　　）。

A．推程　　B．停程　　C．回程

8. 自动车床进给机构采用了（　　）机构。

A．齿轮　　B．铰链四杆　　C．凸轮

9. 凸轮机构一般多用于要求（　　）的场合。

A．运动规律复杂但传递动力不大

B．运动规律简单且传递动力不大

C．运动规律复杂且传递动力较大

10. 靠模车削机构的凸轮做（　　）。

A．前后横向运动　　B．左右移动　　C．旋转运动

11. 在速度较低、载荷不大的凸轮机构中，常用的凸轮材料为（　　）。

A．HT200　　B．40Cr　　C．38CrMoAl

12. 与铸铁凸轮相配的滚子的材料一般选用（　　），并进行表面淬火。

A．20Cr　　B．40Cr　　C．T10

13. 与钢制凸轮相配的滚子的材料可选用（　　），并进行淬火。

A．20CrMnTi　　B．45 钢　　C．GCr15

四、简答题

1. 简述凸轮机构的优点。

2. 结合教材表 5–3 分析对心外轮廓盘形凸轮机构的工作过程。

（1）当凸轮逆时针转过 δ_0 时，从动件由________位置被推到________位置。

（2）凸轮转过 δ_S 时，从动件________________且停在________位置。

（3）凸轮继续转过 δ_0' 时，从动件由________位置回到________位置。

（4）凸轮转过 δ_S' 时，从动件处于________位置且________________。

§5–3　间歇运动机构

一、填空题（将正确答案填写在横线上）

1. 棘轮机构是由________和________组成的一种单向________运动机构。

2. 外啮合齿式棘轮机构的常见类型有____________棘轮机构、____________棘轮机构和__________棘轮机构。

3. 槽轮机构的常见类型有______________________机构、______________________机构和____________________机构。

二、判断题（正确的，在括号内打"√"；错误的，在括号内打"×"）

1. 齿式棘轮机构是通过装于定轴摆动摇杆上的棘爪推动棘轮做一定角度间歇转动的机构。（　　）
2. 单动式棘轮机构有两个驱动棘爪。（　　）
3. 单动式棘轮机构的棘轮只能朝着一个方向转动。（　　）
4. 双动式棘轮机构可使棘轮朝着两个方向转动。（　　）
5. 可变向棘轮机构可以方便地实现两个方向的间歇运动。（　　）
6. 自行车后轴上安装的飞轮机构为内啮合齿式棘轮机构。（　　）
7. 单圆销外接槽轮机构主动拨盘每旋转一周，从动槽轮运动一次。（　　）
8. 外接槽轮机构的从动槽轮与主动拨盘的转向相反。（　　）
9. 内接槽轮机构的从动槽轮与主动拨盘的转向相同。（　　）

三、选择题（将正确答案的序号填写在括号内）

1.（　　）机构常用作防止转动件反转的附加保险机构。

A. 棘轮　　B. 槽轮　　C. 凸轮

2. 双动式棘轮机构有（　　）个驱动棘爪。

A. 1　　B. 2　　C. 4

3. 在双圆销外接槽轮机构中，主动拨盘每旋转一周，槽轮运动（　　）次。

A. 1　　B. 2　　C. 4

4. 在双圆销槽轮机构中，当主动拨盘旋转一周时，槽轮转过（　　）。

A. 90°　　B. 180°　　C. 270°

四、名词解释

1. 间歇运动机构

2. 槽轮机构

五、简答题

1．结合教材图 5–26 分析齿式棘轮机构的工作原理。

（1）齿式棘轮机构由__________、__________________和__________________等组成。

（2）当主动摇杆逆时针方向摆动时，__________________便插入__________的齿槽中，推动__________转过一定角度，此时止回棘爪在棘轮齿背上__________。

（3）当主动摇杆顺时针方向摆动时，止回棘爪阻止棘轮______________转动，而驱动棘爪则只能在__________齿背上滑过，这时棘轮____________________。

（4）当主动件做连续往复摆动时，棘轮做____________________运动。

2．结合教材图 5–28 分析牛头刨床工作台间歇移动机构的工作原理。

（1）牛头刨床工作台横向进给机构由_________________机构和_________________机构组成。

（2）偏心轮做匀速转动，通过曲柄摇杆机构带动_________________往复摆动，然后通过棘轮机构带动_________________做____________转动，再通过螺旋机构使工作台做____________进给运动。

（3）若要改变横向进给量，可以通过旋转螺杆调整____________的长度；若要改变横向进给的方向，可以将手柄提起，旋转____________后再放下。

3．结合教材图 5–30 分析槽轮机构的工作原理。

（1）当曲柄上的圆销未进入从动槽轮的径向槽时，由于从动槽轮的____________锁止弧被主动拨盘的__________锁止弧卡住，故从动槽轮__________。

（2）当圆销进入从动槽轮的径向槽时，主动拨盘上的__________锁止弧正好与从动槽轮的__________锁止弧__________接合，从动槽轮受__________的驱使而__________。

（3）当圆销在另一边离开_______________时，内凹锁止弧又被_____________，从动槽轮又__________________。

（4）当圆销再次进入从动槽轮的另一个__________时，又重复上述运动。所以，从动槽轮做______________的__________运动。

§5–4　变速机构

一、填空题（将正确答案填写在横线上）

1．常用的有级变速机构有________变速机构、_____________变速机构和________变速机构等。

2．塔齿轮变速机构常用于转速__________但需要有多种__________的场合。

3．常用的机械式无级变速机构有______________无级变速机构和______________无级变速机构等。

二、判断题（正确的，在括号内打“√”；错误的，在括号内打“×”）

1．塔齿轮变速机构能用较少数目的齿轮获得较多的变速级数。（　　）

2. 滑移齿轮变速机构变速可靠，但传动比不准确。 ( )

3. 挂轮变速机构是通过更换齿轮实现变速的。 ( )

4. 挂轮变速机构的优点是变速方便，缺点是结构复杂。 ( )

5. 滚子平盘式无级变速机构存在较大的相对滑动，磨损严重。 ( )

6. 宽 V 带式无级变速机构的外形尺寸较大，变速范围相对较小。 ( )

三、选择题（将正确答案的序号填写在括号内）

1.（ ）变速机构主要用于不需要经常变速的场合。

A. 塔齿轮　　B. 滑移齿轮　　C. 挂轮

2. 下列选项中，属于宽 V 带式无级变速机构特点的是（ ）。

A. 无过载保护性

B. 变速范围相对较小

C. 工作平稳性较差

四、名词解释

1. 变速机构

2. 有级变速机构

五、简答题

1. 结合教材图 5–31 分析塔齿轮变速机构的工作原理。

（1）主动轴上固定安装若干个模数__________、齿数__________的齿轮（即塔齿轮）。

（2）为了将主动轴的运动传递给从动轴，设置了一个________齿轮，中间齿轮________在销轴上，销轴固定在______________上。

（3）摆动架可带动滑移齿轮和中间齿轮__________________且绕__________________摆动一定角度，以保证__________________能与__________________上每一个齿轮啮合而得到若干不同的______________。

2. 结合教材图 5–34 分析 CA6140 型卧式车床交换齿轮箱挂轮变速机构的工作原理。

（1）双联挂轮 1 固定在__________________上，双联挂轮 6 固定在__________________上，惰轮空套在__________________上。

（2）输入轴 2 的运动由______________传给____________，然后通过________________经______________输出。

（3）挂轮架空套在________________上，可绕输出轴___________。

（4）惰轮轴固定在_______________的直槽中，通过调整惰轮轴在_______中的位置可以使_________与_______________正确啮合，通过调整挂轮架摆动的位置可以使_________与________________正确啮合。

3．结合教材图 5–36 分析宽 V 带式无级变速机构的工作原理。

（1）锥轮_______和_______分别固定在轴Ⅰ、轴Ⅱ上，锥轮_______和_______可以沿轴Ⅰ、轴Ⅱ同步同向移动。

（2）宽 V 带套在_________________之间，工作时如同 _______传动。

（3）通过轴向同步移动锥轮_______和_______，可改变工作半径_______和_______的大小，从而实现___________变速。

§5–5　换 向 机 构

一、填空题（将正确答案填写在横线上）

1．换向机构是在输入轴_________不变的条件下，可使输出轴变换_________的机构。

2．换向机构的常见类型有_____________换向机构和_______________换向机构等。

3．惰轮换向机构是利用_________来实现从动轴旋转方向变换的机构。

二、简答题

1．结合教材图 5–37 分析三星轮换向机构的工作原理。

（1）惰轮 2 和惰轮 6 安装在_______________上，惰轮架可以绕_______________摆动。

（2）当惰轮 2 与主动齿轮 1 啮合时，从动齿轮 4 与主动齿轮 1 的旋转方向___________。

（3）当惰轮 6 与主动齿轮 1 啮合时，从动齿轮 4 与主动齿轮 1 的旋转方向____________，实现_____________。

2．结合教材图 5–38 分析摩擦式双向离合器换向机构的工作原理。

（1）摩擦式双向离合器换向机构有_____________、_____________、_____________三种工作状态。

（2）当离合器_____________时，轴Ⅰ上的动力无法传递给轴Ⅲ。

（3）当接通左边的离合器时，_____________与轴Ⅰ一起转动，动力通过_____________和_______________传递给轴Ⅲ，并使轴Ⅲ与轴Ⅰ转向_______________，此时，空套在轴Ⅰ上的_____________不传递动力。

（4）当接通右边的离合器时，_____________与轴Ⅰ一起转动，动力通过_____________、_____________和_____________传递给轴Ⅲ，并使轴Ⅲ与轴Ⅰ转向_____________，此时，空套在轴Ⅰ上的_____________不传递动力。

第六章　轴系零部件

§6–1　轴

一、填空题（将正确答案填写在横线上）

1. 轴的常用材料主要有________________、______________、__________________和__________________等。

2. 采用优质碳素结构钢制造的轴，一般应进行_______或_______处理。

3. 曲轴、镗杆、磨床主轴、精密丝杠等常采用40CrNi、38CrMoAlA等________________，并进行_______热处理。

4. 轴上零件的固定分为_______固定和_______固定。

5. 轴上零件周向固定的目的是保证轴能可靠地传递_________和_________，防止轴上零件与轴产生相对_________。

二、判断题（正确的，在括号内打“√”；错误的，在括号内打“×”）

1. 轴肩和轴环的作用相同。（　　）
2. 制造轴最常用的优质碳素结构钢是45钢。（　　）
3. 对于重要或受力较大的轴，常采用Q235、Q275等碳素结构钢。（　　）
4. 采用滑动轴承的高速轴常用45钢并进行渗碳淬火。（　　）
5. 距离较大的轴上零件间的轴向固定不宜采用套筒。（　　）
6. 采用轴肩或轴环定位时，应使轴肩、轴环的过渡圆角半径大于轴上零件孔端的圆角半径。（　　）
7. 平键连接拆装方便，可以进行轴向固定。（　　）
8. 紧定螺钉连接可以同时实现轴向和周向固定。（　　）

三、选择题（将正确答案的序号填写在括号内）

1. 轴上被支承的部位称为（　　）。
   A. 轴颈　　B. 轴头　　C. 轴肩
2. 轴径变化处形成的环形面称为（　　）。
   A. 轴头　　B. 轴肩　　C. 轴环
3. 下列材料中，（　　）一般用于制造形状复杂、尺寸较大的轴。
   A. 碳素结构钢　　B. 合金结构钢　　C. 铸铁
4. （　　）可用于轴端零件的固定。
   A. 圆螺母　　B. 轴肩　　C. 套筒

5．当轴的转速很高时，不宜采用（　　）进行轴向固定。

A．轴肩　　B．轴环　　C．套筒

6．使用（　　）进行轴向固定时，应采用止动垫片、防转螺钉等防松措施。

A．轴端挡圈　　B．弹性挡圈　　C．轴端挡板

7．只能承受很小的轴向力的轴向固定方式是采用（　　）固定。

A．轴环　　B．弹性挡圈　　C．圆锥面

8．需要在轴上切槽的轴向固定方式是采用（　　）固定。

A．轴环　　B．弹性挡圈　　C．紧定螺钉与挡圈

9．采用（　　）的轴向固定方式结构简单，常用于心轴上零件的固定。

A．圆螺母　　B．轴端挡圈　　C．轴端挡板

10．采用（　　）的轴向固定方式承载能力较低，且不适用于高速场合。

A．圆螺母　　B．弹性挡圈　　C．紧定螺钉与挡圈

11．零件可以在轴上滑动的周向固定方式是（　　）连接。

A．平键　　B．花键　　C．圆柱销

12．不能承受较大载荷，只适用于辅助连接的是（　　）连接。

A．销　　B．紧定螺钉　　C．过盈配合

13．可用作安全装置的轴上零件固定方式是（　　）连接。

A．销　　B．紧定螺钉　　C．过盈配合

四、简答题

1．轴上零件轴向固定的目的是什么？

2．用圆锥面轴向固定零件有哪些特点？

3．简述过盈配合连接的特点。

§6–2 轴　承

一、填空题（将正确答案填写在横线上）

1．滚动轴承一般由__________________、__________________、__________________和_____________________组成。

2．保持架的作用是分隔开两个相邻的____________，以减少滚动体之间的____________和____________。

3．角接触推力轴承主要承受__________载荷，也可承受较小的__________载荷。

4．圆柱滚子轴承有__________________、__________________、__________________、__________________等多种形式。

5．滚动轴承的标记由______________、______________和______________三部分组成。

6．润滑脂不适宜在________条件下工作，故适用于轴颈圆周速度不大于________m/s 的滚动轴承润滑。

7．滚动轴承的常用密封方式有______________和_____________两类。

8．唇形密封圈密封要求轴颈圆周速度不大于________m/s，工作温度不高于________℃。

9．曲路密封分为________曲路密封和________曲路密封两种。

10．径向滑动轴承主要有______________径向滑动轴承、______________径向滑动轴承和____________径向滑动轴承等。

11．整体式径向滑动轴承多应用于__________、__________或__________工作的场合。

12．轴承合金有__________轴承合金和__________轴承合金两大类。

13．用作轴瓦材料的青铜主要有____________青铜、____________青铜和____________青铜等。在一般情况下，它们分别用于_______________、_______________和_______________的轴承上。

二、判断题（正确的，在括号内打“√”；错误的，在括号内打“×”）

1．深沟球轴承主要承受径向载荷，也可同时承受少量双向轴向载荷。（　　）

2．深沟球轴承的极限转速不高。（　　）

3．双向推力球轴承能承受双向轴向载荷。（　　）

4．推力圆柱滚子轴承的承载能力比推力球轴承大得多。（　　）

5．调心球轴承只能承受少量的单向轴向载荷。（　　）

6．调心滚子轴承的承载能力比调心球轴承大。（　　）

7．角接触球轴承可以承受双向轴向载荷。（　　）

8．润滑脂不易流失，无须经常补充或更换。（　　）

9．采用润滑油润滑的滚动轴承适用于轴颈圆周速度和工作温度较高的场合。（　　）

10．选用润滑油的关键是选择合适的润滑油黏度。（　　）

11．温度高、载荷大的场合，润滑油的黏度应选小一些。（　　）

12．唇形密封圈密封属于非接触式密封。（ ）

13．如果唇形密封圈密封唇朝里，则主要防止灰尘、杂质侵入。（ ）

14．毛毡圈密封要求轴颈圆周速度不大于 5 m/s，工作温度不高于 90 ℃。（ ）

15．间隙密封装置的油沟能增强密封效果。（ ）

16．间隙密封可用于润滑油润滑的密封。（ ）

17．曲路密封可用于润滑脂润滑，也可用于润滑油润滑。（ ）

18．滑动轴承的抗冲击能力比滚动轴承强。（ ）

19．滑动轴承的运转精度高于滚动轴承。（ ）

20．滑动轴承的使用寿命比滚动轴承短。（ ）

21．整体式径向滑动轴承的轴瓦磨损后的轴承间隙可以调整。（ ）

22．对开式径向滑动轴承磨损后的径向间隙可以调整。（ ）

23．整体式轴瓦上没有油孔与油沟。（ ）

24．双层轴瓦的衬背是指轴瓦上支持衬层而使轴承具有所需强度和刚度的金属支承体。（ ）

25．锡基轴承合金是优良的轴承材料，常用于高速、重载的轴承上。（ ）

26．铅基轴承合金不宜承受较大的冲击载荷。（ ）

27．青铜的承载能力大，耐磨性比轴承合金稍差。（ ）

28．青铜可以单独做成轴瓦。（ ）

29．针阀式注油杯用于润滑油润滑。（ ）

30．旋套式注油杯用于润滑脂润滑。（ ）

31．压配式压注油杯可用于润滑油润滑。（ ）

32．旋盖式油杯用于润滑油润滑或润滑脂润滑。（ ）

三、选择题（将正确答案的序号填写在括号内）

1．一般情况下，滚动轴承的（ ）装在机座的轴承孔内固定不动。

A．内圈　　B．外圈　　C．保持架

2．图 6–1 所示为（ ）的保持架。

A．深沟球轴承

B．圆锥滚子轴承

C．单向推力球轴承

图 6–1

3．下列说法正确的是（ ）。

A．角接触向心轴承只能承受径向载荷

B．角接触向心轴承只能承受轴向载荷

C．角接触向心轴承能同时承受径向载荷和轴向载荷

4．下列说法正确的是（ ）。

A．轴向接触轴承只能承受径向载荷

B．轴向接触轴承只能承受轴向载荷

C．轴向接触轴承能同时承受径向载荷和轴向载荷

5．能同时承受较大的径向载荷和轴向载荷，通常成对使用、对称布置安装的是（ ）。

A．深沟球轴承　　B．圆锥滚子轴承　　C．推力滚子轴承

6．内、外圈可分离的滚动轴承是（　　）。

A．圆锥滚子轴承　　B．调心球轴承　　C．调心滚子轴承

7．主要承受径向载荷，同时可承受少量双向轴向载荷，外圈内滚道为球面，能自动调心的是（　　）。

A．深沟球轴承　　B．调心球轴承　　C．角接触球轴承

8．只能承受纯径向载荷的是（　　）。

A．圆柱滚子轴承　　B．圆锥滚子轴承　　C．调心滚子轴承

9．允许有少量角偏差的是（　　）。

A．圆柱滚子轴承　　B．调心球轴承　　C．角接触球轴承

10．润滑脂的填充量一般为轴承空间的（　　）。

A．1/4 ~ 1/2　　B．1/3 ~ 2/3　　C．1/2 ~ 3/4

11．在重载或高温工作条件下使用的滚动轴承应选用（　　）润滑。

A．润滑脂　　B．润滑油　　C．固体

12．（　　）用于润滑脂或黏度较大的润滑油润滑的密封。

A．毛毡圈密封　　B．间隙密封　　C．曲路密封

13．滑动轴承与滚动轴承相比，其承载能力（　　）。

A．大　　B．小　　C．相同

14．（　　）径向滑动轴承的优点是结构简单，成本低廉。

A．整体式　　B．对开式　　C．调心式

15．（　　）径向滑动轴承装拆方便，应用广泛。

A．整体式　　B．对开式　　C．调心式

16．对开式径向滑动轴承的轴承盖和轴承座的剖分面常做成（　　），以便于对中定位。

A．圆柱形　　B．矩形　　C．阶梯形

17．传动轴有偏斜的场合应采用（　　）滑动轴承。

A．整体式　　B．对开式　　C．调心式

18．止推滑动轴承止推轴瓦的底部为（　　）。

A．圆柱面　　B．圆锥面　　C．球面

19．可用于润滑脂润滑的润滑装置是（　　）。

A．针阀式注油杯　　B．旋套式注油杯　　C．压配式压注油杯

四、名词解释

1．滚动轴承

2．滑动轴承

3．径向滑动轴承

4．调心式径向滑动轴承

5．止推滑动轴承

五、简答题

1．简述滚动轴承的优点。

2．简述滑动轴承的优点。

3．结合教材图 6–13 分析针阀式注油杯的工作原理。

（1）杯体中的润滑油经油孔 a 进入________与________之间的空腔。

（2）手柄置于竖直位置时，阀杆处于________，油孔 b________，给滑动轴承________。

（3）手柄置于水平位置时，阀杆处于__________，在弹簧力的作用下将油孔 b__________，油杯＿＿＿＿＿＿＿＿＿。

（4）转动＿＿＿＿＿＿＿＿＿可调节注油量的大小。

§6–3　键、销连接

一、填空题（将正确答案填写在横线上）

1．键连接可以实现轴与轴上零件之间的＿＿＿＿固定，并传递＿＿＿＿和＿＿＿＿。

2．根据用途不同，平键可分为＿＿＿＿＿＿＿＿平键和＿＿＿＿＿＿＿＿平键。

3．普通型平键的材料通常选用＿＿＿＿＿＿。当轮毂为有色金属或非金属材料时，普通型平键可用＿＿＿＿或＿＿＿＿制造。

4．半圆键分为＿＿＿＿＿半圆键和＿＿＿＿＿半圆键，其中＿＿＿＿＿半圆键最常用。

5．由沿轴和轮毂孔周向均布的多个键齿相互啮合而形成的连接称为＿＿＿＿＿＿。

6．花键连接多用于＿＿＿＿＿＿和要求＿＿＿＿＿＿好的场合，尤其适用于经常＿＿＿＿＿的连接。

7．按齿形不同，花键分为＿＿＿＿＿花键和＿＿＿＿＿花键。

8．矩形花键连接具有＿＿＿＿＿＿高、＿＿＿＿＿＿好、＿＿＿＿＿＿较小、＿＿＿＿＿＿较大等特点。

9．销主要用于＿＿＿＿，也可用于＿＿＿＿与＿＿＿＿的连接或其他零件的连接，还可以作为安全装置中的＿＿＿＿＿＿＿零件。

10．销的基本类型有＿＿＿＿＿＿＿＿和＿＿＿＿＿＿＿＿两种，它们均有＿＿＿＿＿＿和＿＿＿＿＿＿两种形式。

二、判断题（正确的，在括号内打“√”；错误的，在括号内打“×”）

1．平键和半圆键都是以其两侧面为工作面的。（　　）

2．平键的上表面与轮毂上的键槽底面之间应留有间隙。（　　）

3．普通型平键工作时，轴和轴上零件沿轴向可以有少量的相对移动。（　　）

4．A 型普通型平键不会产生轴向移动，应用最广泛。（　　）

5．当被连接齿轮等零件的轮毂需要在轴上沿轴向移动时，可采用导向型平键连接。（　　）

6．导向型平键比普通型平键长，键的侧面与轮毂槽采用过渡配合。（　　）

7．导向型平键常用于轴上零件移动量不大的场合。（　　）

8．普通型半圆键常用于轴端为锥形表面的连接。（　　）

9．矩形花键的键齿形状简单，加工方便。（　　）

10．销可用来传递转矩。（　　）

11．销的材料常用 35 钢或 45 钢。（　　）

12．圆锥销不能用于经常拆卸的场合。（　　）

13．圆柱销和圆锥销都是标准件。（　　）

三、选择题（将正确答案的序号填写在括号内）

1．键连接主要用于传递（　　）的场合。

A．拉力　　B．轴向力　　C．转矩

2．图 6–2 所示的普通型平键为（　　）。

A．A 型　　B．B 型　　C．C 型

3．（　　）普通型平键多用在轴的端部。

A．A 型　　B．B 型　　C．C 型

图 6–2

4．在普通型平键的三种形式中，（　　）平键在键槽中不会发生轴向移动，所以应用最广。

A．圆头　　B．方头　　C．单圆头

5．导向型平键的侧面与轮毂槽之间采用（　　）配合。

A．间隙　　B．过渡　　C．过盈

6．下列销中，（　　）用于有冲击、振动的场合。

A．内螺纹圆柱销　　B．内螺纹圆锥销　　C．开尾圆锥销

7．下列销中，可用于盲孔定位的是（　　）。

A．圆柱销　　B．开尾圆锥销　　C．内螺纹圆锥销

8．下列销中，（　　）的定位精度高。

A．圆柱销　　B．内螺纹圆柱销　　C．螺尾锥销

§6–4　联轴器、离合器和制动器

一、填空题（将正确答案填写在横线上）

1．____________和____________用来连接两轴或轴与旋转件，使之一同旋转并传递__________与__________，有的也用作__________装置。

2．__________在机器停车后用拆卸方法才能把两轴分离或连接。__________在机械运转过程中，可使两轴随时接合或分离。

3．制动器主要用来降低机械____________或使机械____________，有时也用作______装置。

4．常用联轴器的类型有________联轴器、____________联轴器和____________联轴器等。

5．常用的刚性联轴器有________联轴器和________联轴器等。

6．常用的有弹性元件挠性联轴器有______________联轴器和______________联轴器等。

7．主、从动部分在同轴线上传递动力或运动时，具有__________或__________功能的装置称为离合器。

8．离合器按其接合元件传动的工作原理不同可分为__________离合器和__________离合器，按控制方式不同可分为__________离合器和__________离合器。

9．制动器是具有使运动部件（或运动机械）_______________、_______________或保持___________状态等功能的装置，有时也用于调节或限制机械的___________。

10．常用的制动器有___________制动器、___________制动器和___________制动器等。

11．外抱块式制动器闸瓦块的材料可采用__________，也可在铸铁上覆以__________或__________。

二、判断题（正确的，在括号内打“√”；错误的，在括号内打“×”）

1．联轴器都具有安全保护作用。（　　）

2．用基本型凸缘联轴器连接两轴的对中是依靠螺栓与半联轴器上孔的过渡配合实现的。（　　）

3．无弹性元件挠性联轴器允许相连两轴间存在一定的相对位移。（　　）

4．齿式联轴器利用内、外轮齿的啮合传递转矩。（　　）

5．齿式联轴器的齿轮间相对移动较小，没必要润滑。（　　）

6．弹性套柱销联轴器的弹性套不仅可以补偿偏移，还可以缓冲和吸振，但容易损坏。（　　）

7．自控离合器可在一定条件下实现离合器的自动分离或接合。（　　）

8．牙嵌离合器只能在停车或低速转动时才能进行接合。（　　）

9．摩擦式离合器能在高速下离合。（　　）

10．常用的制动器是利用摩擦力来制动的。（　　）

11．内张蹄式制动器的结构不够紧凑。（　　）

12．外抱块式制动器的制动和开启迅速，尺寸小，质量小。（　　）

三、选择题（将正确答案的序号填写在括号内）

1．下列联轴器中，不具有位移补偿功能的是（　　）。

A．刚性联轴器

B．无弹性元件挠性联轴器

C．有弹性元件挠性联轴器

2．（　　）联轴器结构简单，工作可靠，传递转矩大。

A．凸缘　　B．齿式　　C．弹性套柱销

3．（　　）联轴器的径向外形尺寸较小。

A．凸缘　　B．套筒　　C．弹性柱销

4．在两轴不能严格对中的场合应采用（　　）联轴器。

A．凸缘　　B．套筒　　C．齿式

5．低速运转、轴的刚度较高、无剧烈冲击、两轴有较大位移的场合适合采用（　　）联轴器。

A．凸缘　　B．套筒　　C．十字滑块

6．弹性柱销联轴器的柱销通常用（　　）制成。

A．金属　　B．尼龙　　C．塑料

7．双向运转、启动频繁、转速较高、转矩不大的场合适合采用（　　）联轴器。

A．十字滑块　　　　B．齿式　　　　C．弹性柱销

8．（　　）离合器的结构简单，但传递的转矩较小。

A．牙嵌　　　　B．单圆盘摩擦式　　C．多片摩擦式

9．（　　）离合器多用于机床、汽车中。

A．牙嵌　　　　B．单圆盘摩擦式　　C．多片摩擦式

10．为了降低某些运动部件的转速或使其停止，就要利用（　　）。

A．联轴器　　　　B．离合器　　　　C．制动器

11．（　　）制动器结构简单，径向尺寸小，但制动力不大。

A．带式　　　　B．内张蹄式　　　　C．外抱块式

12．各种车辆以及结构尺寸受限制的机械中一般采用（　　）制动器。

A．带式　　　　B．内张蹄式　　　　C．外抱块式

13．（　　）制动器制动时冲击大，不宜用于制动力矩大和需要频繁启动的场合。

A．带式　　　　B．内张蹄式　　　　C．外抱块式

四、简答题

1．联轴器和离合器在功用上有何异同？

2．结合教材图 6–32 分析牙嵌离合器的工作原理。

（1）通过操纵机构可使__________沿从动轴做轴向移动，以实现两半离合器的______和______。

（2）当离合器接合时，________与________同步旋转；当离合器分离时，________继续旋转而________不转。

3．结合教材图 6–37 分析内张蹄式制动器的结构及工作原理。

（1）两个制动蹄分别通过两个________与机架________，制动蹄表面装有________，制动轮与需要制动的轴________。

（2）制动时，液压油进入________，推动活塞________，克服弹簧力并使制动蹄压紧________，从而使制动轮制动。

4．结合教材图 6–38 分析外抱块式制动器的结构及工作原理。

（1）弹簧通过________使闸瓦块压紧在________上，使制动器处于________状态。

（2）当松闸器通入电流时，利用电磁作用把顶柱________，通过推杆带动制动臂向外________，使闸瓦与制动轮________。

第七章 液压传动

§7–1 液压传动概述

一、填空题（将正确答案填写在横线上）

1. 液压传动是用________作为工作介质来传递________和进行________的传动方式，属于________传动。

2. 液压千斤顶通过压力油将________能转换为________能，再转换为________能。

3. 液压传动系统由________________、________________、________________、________________和________________五部分组成。

4. 液压传动系统的执行元件有____________和____________。

5. 液压传动系统的辅助部分起________、________、________和________等作用。

6. 液压传动系统的辅助部分有________、________、________、________、________、________及控制仪表等。

7. 液体的静压力________其作用表面，其方向和该表面的内法线方向________。

二、判断题（正确的，在括号内打“√”；错误的，在括号内打“×”）

1. 液压传动系统的动力部分将液压能转换为机械能。（　　）
2. 液压传动系统的执行部分将液压能转换为机械能。（　　）
3. 液压元件的图形符号不表示元件的具体结构。（　　）
4. 液压传动设备的体积和质量与机械传动相比要大很多。（　　）
5. 液压传动不易获得很大的力和转矩。（　　）
6. 液压传动容易获得极低的速度。（　　）
7. 液压元件的制造精度要求较高。（　　）
8. 液压元件对使用和维护的要求比较严格。（　　）
9. 液压元件动作灵敏，但液压传动有冲击，不平稳。（　　）
10. 液压传动易于实现过载保护。（　　）
11. 液压传动适合用于传动比要求严格的场合。（　　）
12. 液压传动不宜在高温下工作，但可以在低温下工作。（　　）
13. 液压传动系统工作时，油液中的空气一般不会影响系统的工作性能。（　　）
14. 当液压传动系统发生故障时，比较容易找到故障点。（　　）
15. 如果在液体中某点受到的各个方向的压力不相等，则液体就会产生运动。（　　）
16. 液压传动系统中，作用在液压缸活塞上的推力越大，活塞运动速度就越快。（　　）
17. 液压缸中，活塞的运动速度与液压缸中油液的压力大小无关。（　　）

18．液压缸中，当活塞的有效作用面积一定时，活塞的运动速度决定于流入液压缸中油液的流量。（　　）

19．在液压传动系统中，压力的大小取决于油液流量的大小。（　　）

三、选择题（将正确答案的序号填写在括号内）

1．液压传动系统的动力元件为（　　）。

A．液压泵　　B．液压缸　　C．液压阀

2．液压传动系统中，液压缸属于（　　）。

A．动力部分　　B．执行部分　　C．控制部分

3．下列液压元件中，（　　）属于控制部分，（　　）属于辅助部分。

A．油箱　　B．液压马达　　C．单向阀

4．下列液压元件中，（　　）是用来控制油液流动方向的。

A．换向阀　　B．过滤器　　C．液压泵

5．液压传动系统中，将液压能转换为机械能的元件是（　　）。

A．单向阀　　B．液压缸　　C．液压泵

6．液压传动系统中，液压泵可以将电动机的（　　）能转换为油液的（　　）能。

A．机械　　B．电　　C．压力

7．在液压千斤顶中，（　　）属于液压传动系统的控制部分。

A．截止阀　　B．手动柱塞泵　　C．油箱

8．液压元件的图形符号不表示元件的（　　）。

A．职能　　B．控制方式　　C．具体结构

四、名词解释

1．液压回路图

2．压力

3．流量

4．流速

五、简答题

1. 结合教材图 7–3 分析液压千斤顶的工作原理。

（1）当提起杠杆手柄时，小活塞________移动，小活塞下端油腔容积________，形成局部真空，这时单向阀 4________，通过吸油管从油箱中________。

（2）当用力压下杠杆手柄时，小活塞________移动，小缸体的下腔压力________，单向阀 4________，单向阀 7________，小缸体下腔的油液经管道 6 输入大缸体的________，迫使大活塞________移动，顶起重物。

（3）再次提起杠杆手柄吸油时，单向阀 7________，使大缸体中的油液不能________。

（4）打开截止阀，大缸体下腔的油液通过管道 10、____________流回油箱，大活塞在重物和自重的作用下________移动，回到原位。

2. 分析液压传动的工作原理。

（1）液压传动是以_______________为工作介质，通过动力元件（液压泵）将原动机的___________转换为压力油的___________。

（2）通过_________元件，借助_________元件（液压缸或液压马达）将___________转换为___________，驱动负载实现__________或__________运动。

（3）通过控制元件对_________和_________的调节，可以调定执行元件的_________和__________。

3. 简述帕斯卡原理。

§7–2 液压动力元件

一、填空题（将正确答案填写在横线上）

1. 靠密封容腔体积的周期性变化实现________和________的液压泵称为容积泵。

2. 液压泵按照结构不同分为__________、__________和__________等，按照输油方向能否改变分为__________和__________，按照输出的流量能否调节分为__________和__________。

3. 齿轮泵有________________和________________两种结构形式。

4. 叶片泵分为________________和________________。

5. 柱塞泵分为________________和________________。

6. 单作用叶片泵每转一周吸、压油各_____次，双作用叶片泵每转一周吸、压油各_____次。

7. 柱塞泵是利用柱塞在有柱塞孔的缸体内做________运动，使密封容积发生变化而实现________和________的。

二、判断题（正确的，在括号内打“√”；错误的，在括号内打“×”）

1. 齿轮泵既能作定量泵，也能作变量泵。 （　　）
2. 双作用叶片泵可以作为变量泵。 （　　）
3. 单作用叶片泵只能是单向变量泵。 （　　）

三、选择题（将正确答案的序号填写在括号内）

1. 图 7–1 所示为（　　）的图形符号。

A. 单向定量液压泵

B. 双向定量液压泵

C. 双向变量液压泵

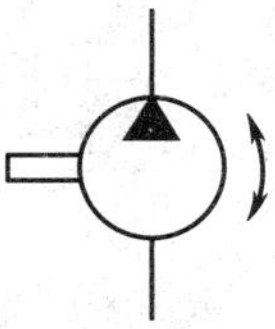

图 7–1

2. 单向变量液压泵的图形符号为（　　）。

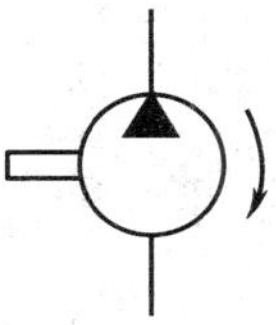

A. 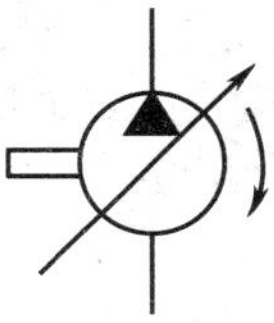　　B. 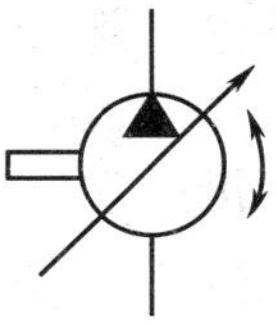　　C.

3. 液压泵能进行吸、压油的根本原因在于（　　）的变化。

A. 工作压力　　B. 电动机转速　　C. 密封容积

四、简答题

1. 结合教材图 7–8 分析单柱塞泵的工作原理。

（1）吸油过程

当偏心轮的向径由最大转向最小时，柱塞______________运动，其左端和泵体间的密封容积______________，形成局部______________，油箱中的油液在大气压的作用下打开______________，油液进入____________内。单向阀 6 的钢球在弹簧力和系统压力的作用下____________油口，单向阀 6____________，防止系统中的油液____________。

（2）压油过程

当偏心轮的向径由最小转向最大时，柱塞______________运动，密封容积____________，油液产生____________。单向阀 5 的钢球在______________和______________的作用下将吸油口____________，防止油液______________，泵体内的压力油经______________进入系统，液压泵____________。

2. 结合教材图 7–10 分析外啮合齿轮泵的工作原理。

（1）当齿轮按图示箭头方向旋转时，右侧吸油腔由于相互啮合的轮齿逐渐______________，密封工作容积逐渐______________，形成局部______________，因此油箱中的油液在外界

__________压力的作用下，经吸油口进入__________，将齿间的槽__________，并随着齿轮旋转把油液带到左侧__________。

（2）随着齿轮的相互啮合，压油腔密封工作容积不断__________，油液便被__________，从压油口输送到压力管路中去。

（3）齿轮啮合时，轮齿的接触线把__________和__________分开。

3. 结合教材图 7–11 分析单作用叶片泵的工作原理。

（1）吸油过程

当转子按逆时针方向旋转时，右边的叶片逐渐__________，相邻两叶片间的密封容积逐渐__________，形成局部__________，油箱中的油液在__________压力作用下，经配油盘的__________被吸入吸油腔，实现__________。

（2）压油过程

左边的叶片被定子内壁逐渐________槽内，密封容积逐渐__________，将油液经配油盘的__________压出，实现__________。在吸油区和压油区之间有一段__________将它们隔开。

（3）流量调节原理

改变偏心距 e 的大小，便可改变工作容腔的__________，这就形成了__________泵。

4. 结合教材图 7–13 分析斜盘式轴向柱塞泵的工作原理。

（1）当传动轴带动缸体按图示方向旋转时，在前半周内，柱塞逐渐__________，柱塞与缸体孔内的密封容积逐渐__________，形成局部__________，通过配油盘的__________吸油。

（2）缸体在后半周时，柱塞在斜盘斜面作用下逐渐被__________柱塞孔内，密封容积逐渐__________，通过配油盘的压油口__________。

（3）缸体每转一周，每个柱塞往复运动__________，完成吸、压油各__________。

（4）改变斜盘倾角 α 的大小，即可改变柱塞行程的__________，从而改变泵的输出__________。

（5）如果改变斜盘的倾斜__________，则泵的吸、压油口互换，所以斜盘式轴向柱塞泵是__________变量泵。

§7–3　液压执行元件

一、填空题（将正确答案填写在横线上）

1. 液压执行元件是指将______________转换为______________的能量转换装置，有__________和__________等。

2. 液压缸能将液压能转换为______________形式的机械能，液压马达能将液压能转换为______________形式的机械能。

3. 液压马达是指输出______________运动并将液压泵提供的______________能转变为__________能的液压执行元件。

4．液压马达按结构不同可分为______液压马达、______液压马达、______液压马达等。

二、判断题（正确的，在括号内打“√”；错误的，在括号内打“×”）

1．双作用单杆液压缸活塞两端的有效作用面积相等。（　　）

2．双作用单杆液压缸可以实现机床慢速工作进给和空载时快速退回的工作需要。（　　）

3．双作用双杆液压缸活塞杆往复运动的速度和液压推力相等。（　　）

4．如果齿轮液压马达有正反转要求，则必须设置单独的泄油孔将内部泄漏的油液引入油箱。（　　）

三、选择题（将正确答案的序号填写在括号内）

1．图 7–2 所示为（　　）液压缸的图形符号。

A．单作用单杆　　B．双作用单杆　　C．单作用双杆

2．图 7–3 所示为（　　）液压缸的图形符号。

A．单作用单杆　　B．双作用单杆　　C．双作用双杆

3．图 7–4 所示为（　　）的图形符号。

A．单向变量泵

B．单向定量液压马达

C．单向变量液压马达

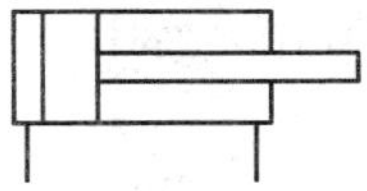

图 7–2 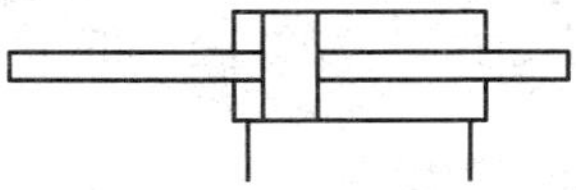　　图 7–3 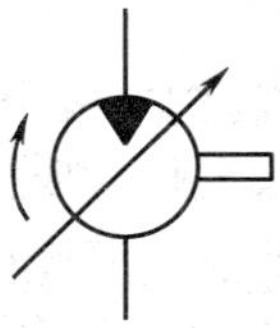　　图 7–4

4．双向定量液压马达的图形符号是（　　）。

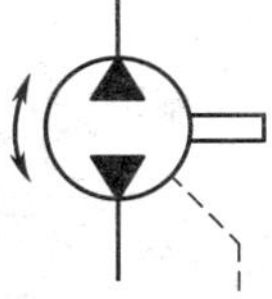

A. 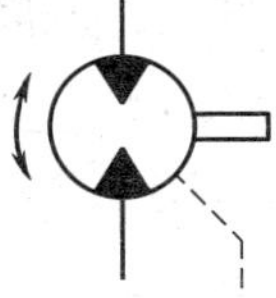　　B. 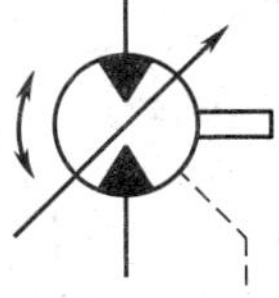　　C.

四、简答题

结合教材图 7–16 分析外啮合齿轮液压马达的工作原理。

当压力油进入马达的进油腔时，完全处于进油腔的轮齿（b 和 b'）所受压力油的作用力______，进油腔上、下边缘处的轮齿（a 和 a'）只有______侧受到______作用力，相互啮合的一对轮齿（c 和 c'）的齿面只有一部分受______的作用。这样两个齿轮上就会各有一个让它们产生______的作用力，从而使两齿轮______，并将油液带到______排出。

§7-4　液压控制元件

一、填空题（将正确答案填写在横线上）

1. 液压传动系统的控制元件是为了控制与调节液流的________、________和________，以满足工作机械的各种要求。

2. 根据用途和工作特点不同，液压控制阀分为____________、____________和______________三大类。

3. 控制油液流动方向的阀称为____________，按用途分为___________和__________。

4. 单向阀分为________________和________________两种。普通单向阀用于液压传动系统中防止油液________________。液控单向阀除了能实现________________的功能外，还可按需要通入________________，使油液实现________________。

5. 换向阀按结构不同可分为____________换向阀和________________换向阀，其中____________换向阀应用最为普遍。

6. 通常将阀芯工作位置的数目称为“__________”，将阀体与油路连接的油口数目称为“__________”

7. 在液压控制阀上，一般进油口用______表示，出油口用______或______表示，回油口用______表示，控制油口用______或______表示，泄油口用______表示。

8. 换向阀的主体符号用来表达换向阀的______和______。

9. 换向阀方框中的箭头表示流体流过阀的________和________。

10. 压力控制阀的作用是控制液压传动系统中的________，或利用系统中________的变化来控制其他液压元件的动作。

11. 按照用途不同，压力阀可分为______________、______________、______________和________________等。

12. 溢流阀是通过阀口的________使被控制系统或回路的________保持恒定状态，以实现________、________或________作用的________控制阀。

13. 根据结构和工作原理不同，溢流阀可分为____________溢流阀和____________溢流阀两种。

14. 先导式溢流阀由____________和____________两部分组成。先导阀为____________，用于控制____________；主阀为____________，用于控制____________。

15. 溢流阀在液压传动系统中主要有四方面的作用：一是起溢流________及________作用，二是起________保护作用，三是作为________阀使用，四是实现远程______________或____________。

16. 压力继电器是一种将____________信号转变为____________信号的转换元件。

17. 流量控制阀是通过改变节流口的________________来调节通过阀口的____________，从而控制执行元件__________________的控制阀。常用的流量控制阀有______________和____________等。

18．节流口的常用节流形式有____________式、__________式、________式和________式等。

二、判断题（正确的，在括号内打“√”；错误的，在括号内打“×”）

1．单向阀的作用是变换油液流动方向。（ ）

2．——◇——为单向阀的图形符号，当压力油从左侧油口流入时单向阀打开。（ ）

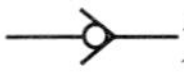

3．直动式溢流阀工作时，阀芯的位置基本不动，以此维持系统压力基本稳定。（ ）

4．先导式溢流阀的稳压效果优于直动式溢流阀。（ ）

5．先导式溢流阀在溢流口处的密封较好，但动作不够灵敏。（ ）

6．先导式溢流阀可以实现远程控制，也可以使液压泵卸荷。（ ）

7．减压阀可使液压传动系统同时得到多个不同的工作压力。（ ）

8．减压阀不具有稳定工作压力的作用。（ ）

9．先导式减压阀中的减压缝隙越小，其减压作用就越弱。（ ）

10．减压阀与溢流阀一样，出口油液压力为零。（ ）

11．减压阀的进油口与减压回路相连。（ ）

12．在执行机构运动速度稳定性要求高的场合需要用调速阀。（ ）

三、选择题（将正确答案的序号填写在括号内）

1．在换向阀中，与液压传动系统油路相连通的油口数目称为（ ）。

A．通　　B．位　　C．路

2．图 7–5 所示为（ ）换向阀的图形符号。

A．三位二通　　B．二位三通　　C．二位四通

3．图 7–6 所示为（ ）换向阀的图形符号。

A．二位四通　　B．三位三通　　C．三位四通

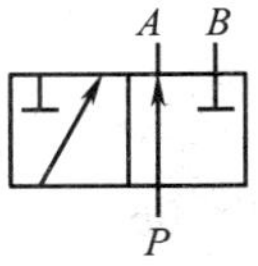

A B
P

图 7–5

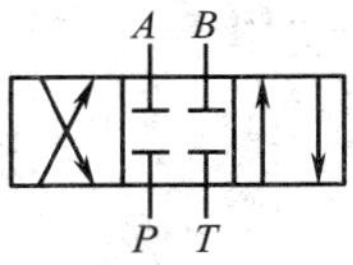

A B
P T

图 7–6

4．图 7–7 所示为（ ）控制方式的图形符号。

A．手柄　　B．推拉　　C．推压

5．图 7–8 所示为（ ）控制方式的图形符号。

A．旋钮　　B．滚轮　　C．滚轮杠杆

6．图 7–9 所示为（ ）控制方式的图形符号。

A．电磁铁　　B．液压　　C．内部液压

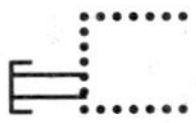

图 7–7 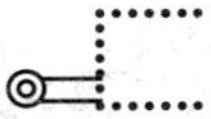　　图 7–8 　　图 7–9

7．图 7-10 所示三位四通换向阀为（　　）。

A．O 型　　B．H 型　　C．M 型

8．图 7-11 所示三位四通换向阀为（　　）。

A．P 型　　B．Y 型　　C．K 型

9．图 7-12 所示为（　　）换向阀的图形符号。

A．常闭式二位二通行程

B．常开式二位二通手动

C．常开式二位二通行程

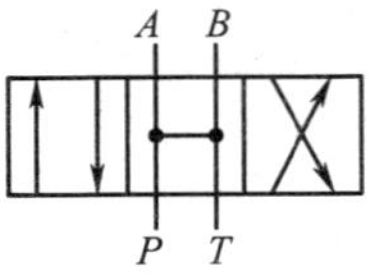

图 7-10

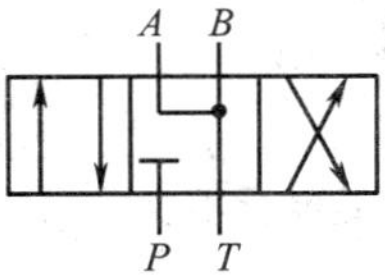

图 7-11

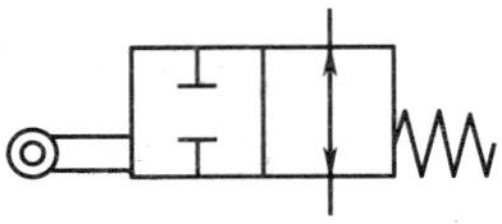

图 7-12

10．图 7-13 所示为（　　）换向阀的图形符号。

A．二位三通手动

B．二位三通电磁

C．二位二通电磁

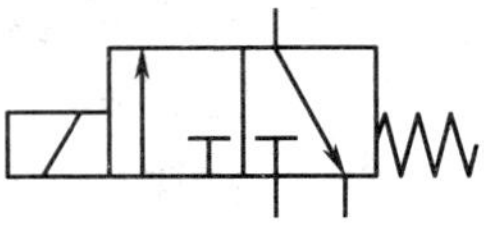

图 7-13

11．下列控制阀中，（　　）属于方向控制阀。

A．换向阀　　B．溢流阀　　C．顺序阀

12．当三位四通电磁换向阀的电磁铁断电时，阀芯处于（　　）位置。

A．左端　　B．右端　　C．中间

13．三位四通换向阀处于中间位置时，能使液压泵卸荷的中位机能是（　　）。

A．O 型　　B．M 型　　C．Y 型

14．溢流阀属于（　　）控制阀。

A．方向　　B．压力　　C．流量

15．直动式溢流阀一般只适用于（　　）的系统。

A．低压、流量不大

B．低压、流量较大

C．高压、流量不大

16．图 7-14 所示先导式溢流阀的图形符号中，左下侧虚线所示油口接（　　），左上侧实线所示油口接（　　），右侧实线所示油口接（　　）。

A．液压系统

B．控制系统

C．油箱

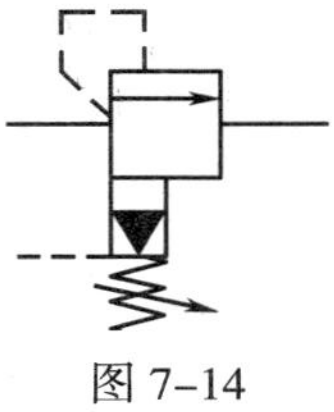

图 7-14

17．先导式减压阀的图形符号是（　　）。

A． 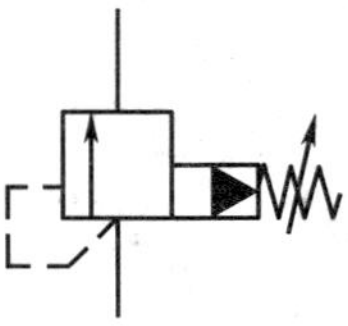　　B． 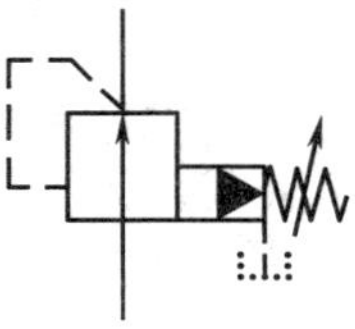　　C．

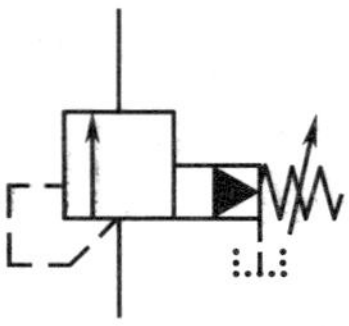

18. 在液压传动系统中，(　　) 的出油口与油箱相连。

A. 溢流阀　　B. 顺序阀　　C. 减压阀

19. 图 7–15 所示为 (　　) 的图形符号。

A. 直动式溢流阀　　B. 直动式减压阀　　C. 内控直动式顺序阀

20. 内控先导式顺序阀的图形符号是 (　　)。

A. 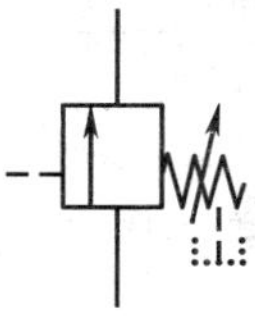　　B. 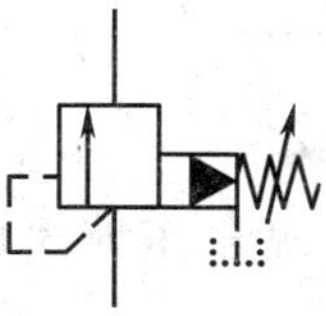　　C.

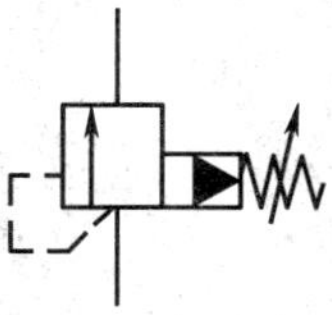

21. 图 7–16 所示为 (　　) 的图形符号。

A. 单向阀　　B. 节流阀　　C. 压力继电器

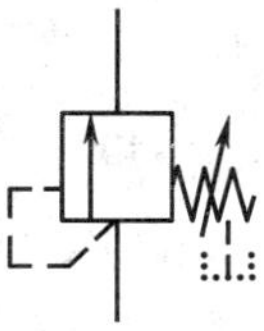

图 7–15

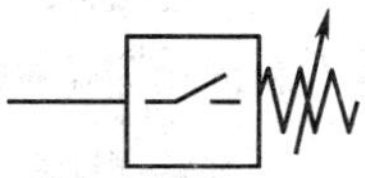

图 7–16

22. 调速阀是由 (　　) 与 (　　) 串联组合而成的阀。

A. 减压阀　　B. 溢流阀　　C. 节流阀

23. 图 7–17 所示节流阀节流口的形式是 (　　)。

A. 周向缝隙式　　B. 偏心式　　C. 针阀式

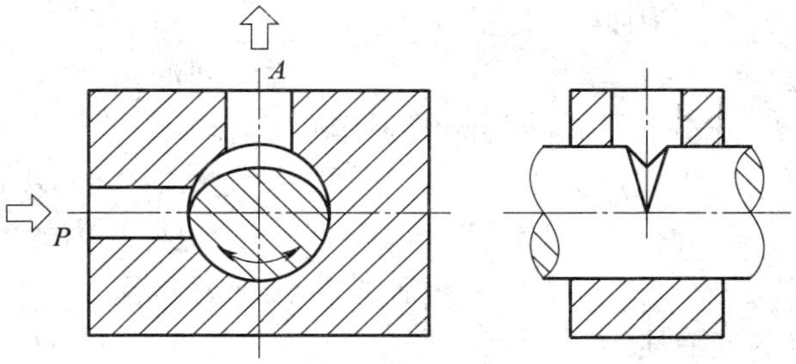

A

P

图 7–17

24. 当节流阀的节流口开度一定时，节流口 (　　) 是影响流过节流阀流量大小的重要因素。

A. 前面油液的压力

B. 后面油液的压力

C. 前后油液的压力差

25. 图 7–18 所示为 (　　) 的图形符号。

A. 节流阀

B. 调速阀

C. 单向阀

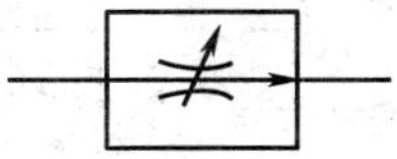

图 7–18

26. 一般情况下，(　　) 的进油口和出油口可以互换。

A. 顺序阀　　B. 节流阀　　C. 调速阀

四、简答题

1．结合教材图 7–18 分析液控单向阀的工作原理。

（1）当控制油口不通压力油时，其功能与________________完全相同。

（2）如果给控制油口接通压力油，该压力油将从活塞的__________上侧的小槽进入活塞__________的空腔中，此时作用在活塞__________的压力油将活塞向__________推，通过推杆使阀芯__________，使油路__________。

2．结合教材图 7–22 分析直动式溢流阀的工作原理。

（1）当进油口压力 p________溢流阀的调定压力 p_k 时，由于阀芯受调压弹簧力作用而使________关闭，油液不能________。

（2）当进油口压力 p 等于溢流阀的调定压力 p_k 时，阀芯所受的________与________相平衡，此时阀口即将打开。

（3）当进油口压力 p________溢流阀的调定压力 p_k 时，液压力将________向上推起，压力油进入阀口后经__________流回油箱，使进油口处的________不再升高。

3．结合教材图 7–23 分析先导式溢流阀的工作原理。

（1）压力油从进油腔 P 进入____________，作用在大直径轴肩________的圆环形面上，同时又经____________进入____________，作用在大直径轴肩________的圆环形面积上。

（2）当油液压力大到一定值时，压力油通过____________，经过________、________、________，顶开_____________进入_______，再通过_______、_______流入_______，从________流出。

（3）由于油液通过____________时产生压力降，使____________大直径轴肩的上、下油液形成一定的____________，因此可克服________________的作用力将____________抬起，进油口 P 的油液即经过____________、____________溢流回油箱。

4．结合教材图 7–25 分析先导式减压阀的工作原理。

（1）当先导式减压阀的出口压力未达到先导阀的调定值时，作用于先导阀芯上的液压力________先导阀弹簧的弹簧力，先导阀的阀口________，阻尼孔内的油液____________，主阀芯上腔和下腔的油液压力________，主阀芯被主阀弹簧推至____________，减压缝隙开至________，进、出口的油液压力______________。

（2）当先导式减压阀的出口压力升高到超过先导阀的调定值时，作用在先导阀芯上的液压力________先导阀弹簧的弹簧力，先导阀芯被________，先导阀芯右腔 g 中的低压油液通过________流入先导阀芯的________，经________、________、泄油口 L 流回油箱。

（3）阻尼孔 d 中有油液流过会产生____________，使主阀芯下腔中的油液压力________上腔的油液压力。当此压力差足以克服主阀弹簧的弹簧力而推动主阀芯________时，减压缝隙 h__________，流阻__________，油液流过缝隙的压力损失也________，从而使出口压力________，直到出口压力达到调定压力。

5．结合教材图 7–27 分析直动式顺序阀的工作原理。

（1）当油液压力较低时，阀芯在____________的作用下处于________位置，此时进油口 P 与出油口 A________。

（2）在进油口油压增大到预调的数值后，阀芯底部受到的向上推力________调压弹簧的弹力，阀芯________，此时进油口 P 与出油口 A________，压力油从顺序阀流过。

6．结合教材图 7–33 分析调速阀的工作原理。

（1）高压油（压力为 p_1）从______________进入减压阀，经过阀口 e 产生______________，降压后的压力油（压力为 p_2）从减压阀的______________流入节流阀，经过______________流入节流阀的______________，从______________流出（压力为 p_3）。

（2）减压阀芯在__________________和__________________作用下处于平衡状态。

（3）当调速阀出油口的压力 p_3 因负载增大而________时，通过________作用在减压阀芯右端的液压力________，使减压阀芯________，减压阀的阀口 e________，压力降________，因此 p_2________，从而使节流阀芯前后的__________________基本保持原来的数值，使流过节流阀的________保持不变。

（4）当负载减小，p_3 下降时，减压阀芯右端的油液压力________，于是减压阀芯在油腔 h 和 b 的压力油（压力为 p_2）的作用下________，减压阀的阀口 e________，压力降________，因此 p_2________，仍然使________保持不变。

（5）调速阀的作用实质上是利用一个能够进行自动调节的__________来保证__________的前后压差基本不变，从而保证了液体________基本恒定。

§7–5　液压辅助元件

一、填空题（将正确答案填写在横线上）

1．液压辅助元件主要包括____________、____________、__________、____________和____________等。

2．过滤器分为__________过滤器、__________过滤器和__________过滤器等。

3．蓄能器可以在短时间内供应大量__________，起补偿__________以保持系统压力，消除______________，缓和______________等作用。

4．气囊式蓄能器的优点是气囊惯性________，反应________，尺寸________，容易________，易于________。

5．液压传动系统中常用的油管有____________、____________、橡胶软管、____________和____________等。固定液压元件之间常用____________和铜管连接，有相对运动的液压元件之间一般采用____________连接。

6．在液压回路图中，供油管路用________绘制，控制管路和泄油管路用________绘制，连接点都必须加________________。

7．常用管接头有锥端密封____________管接头、____________管接头、____________管接头和____________液压软管接头。

8．油箱除了用来储油以外，还起到________及分离油中________和________的作用。

二、判断题（正确的，在括号内打“√”；错误的，在括号内打“×”）

1．线隙式过滤器不属于深度型过滤器。（　　）

2．烧结式过滤器属于吸附型过滤器。（　　）

3. 网式过滤器通油能力大，但过滤精度低。 ( )

4. 线隙式过滤器大多安装在液压泵后面，以保证液压控制元件和执行元件的用油清洁。 ( )

5. 气囊式蓄能器的充气阀在蓄能器工作时始终开启。 ( )

6. 在机床液压传动系统中，不可以利用床身或底座内的空间作油箱。 ( )

7. 精密机床中的液压传动系统多采用独立油箱。 ( )

8. 压力表属于液压控制元件。 ( )

三、选择题（将正确答案的序号填写在括号内）

1. 网式过滤器是一种（ ）过滤器。

A. 表面型　　B. 深度型　　C. 吸附型

2. 磁性过滤器是一种（ ）过滤器。

A. 表面型　　B. 深度型　　C. 吸附型

3.（ ）过滤器一般作粗过滤器用。

A. 网式　　B. 烧结式　　C. 纸芯式

4.（ ）过滤器用于过滤进入液压泵油液中的杂质。

A. 网式　　B. 线隙式　　C. 磁性

5. 烧结式过滤器的滤芯用（ ）粉末烧结成一定的形状。

A. 黄铜　　B. 青铜　　C. 紫铜

6. 线隙式过滤器一般用于（ ）系统。

A. 高压　　B. 中、高压　　C. 中、低压

7.（ ）过滤器通油能力较低，压力损失较大，易堵塞，难以清洗。

A. 网式　　B. 烧结式　　C. 磁性

8.（ ）过滤器常与其他类型滤芯合起来制成复合型过滤器，特别适用于加工钢铁件的机床液压传动系统。

A. 烧结式　　B. 纸芯式　　C. 磁性

9. 蓄能器是一种（ ）的液压元件。

A. 存储液压油液　　B. 提高系统压力　　C. 存储压力油

10. 气囊式蓄能器中气囊的充气压力可为系统油液（ ）工作压力的 60% ~ 70%。

A. 正常　　B. 最高　　C. 最低

11. 气囊式蓄能器中提升阀的作用是（ ）。

A. 防止气囊膨出容器之外

B. 防止蓄能器压力过大

C. 稳定系统压力

12.（ ）管接头密封可靠，抗振能力强，但装卸接头不方便。

A. 锥端密封焊接式

B. 卡套式

C. 扩口式

§7–6　液压传动系统基本回路

一、填空题（将正确答案填写在横线上）

1．液压基本回路按功能不同可分为________控制回路、________控制回路、________控制回路和____________控制回路四大类。

2．为了使执行元件能在任意位置停留以及在停止工作时防止在受力的情况下发生移动，可以采用________回路。

3．压力控制回路可以实现________、________、________等功能。

4．速度控制回路一般分为____________回路和________________回路两类。

5．调速回路的常用类型有__________________调速回路、__________________调速回路和__________________调速回路等。

二、判断题（正确的，在括号内打"√"；错误的，在括号内打"×"）

1．采用液控单向阀的锁紧回路，其三位四通换向阀采用 H 型。（　　）

2．换向回路、卸荷回路都属于速度控制回路。（　　）

3．锁紧回路可使液压传动系统的压力保持恒定。（　　）

4．调压回路可使液压传动系统某一部分的压力不超过某一个数值。（　　）

5．单向减压阀在功能上相当于一个单向阀和一个减压阀的串联。（　　）

6．卸荷是指液压泵在功率损耗接近零的情况下运转。（　　）

7．在液压设备短时间停止工作期间，一般不宜停止电动机。（　　）

8．速度控制回路一般是通过改变进入执行元件的油液压力来实现速度控制的。（　　）

9．单向节流阀是由单向阀和节流阀并联而成的流量控制阀。（　　）

10．进油节流调速回路中的节流阀可以起到提供背压的作用。（　　）

11．单向顺序阀是由单向阀与顺序阀通过并联构成的组合阀。（　　）

三、选择题（将正确答案的序号填写在括号内）

1．锁紧回路属于（　　）控制回路。

A．方向　　B．压力　　C．速度

2．（　　）型三位四通电磁换向阀可实现双作用单杆液压缸的锁紧。

A．H　　B．M　　C．X

3．调压回路所采用的调压元件是（　　）。

A．减压阀　　B．节流阀　　C．溢流阀

4．不属于方向控制回路的是（　　）回路 。

A．卸荷　　B．换向　　C．锁紧

5．速度控制回路一般是采用改变进入执行元件的液压油液的（　　）来实现的。

A．压力　　　　　　　　B．流量　　　　　　　C．功率

四、名词解释

1．方向控制回路

2．压力控制回路

3．速度控制回路

4．顺序动作控制回路

五、综合题

1．图 7–19 所示为采用三位四通换向阀的换向回路，图中元件 5 和元件 6 为行程开关，当被触动时可以发出电信号，控制电磁铁动作。该回路可以使液压缸完成连续的自动往复运动，试分析该回路的工作原理。

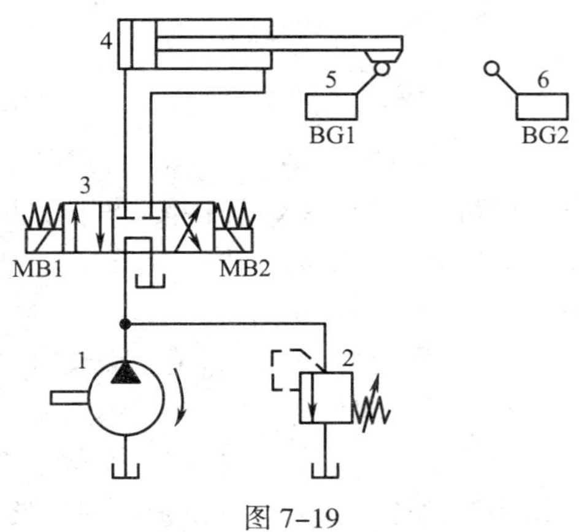

图 7–19

（1）________型三位四通电磁换向阀处于中位时，液压泵________，液压缸两腔油路被________，活塞被________。

（2）当 MB1 通电时，换向阀切换至______工作，液压缸______进油，活塞______移动。

（3）当活塞杆上的滑块触动行程开关 BG2 时，MB2 通电，换向阀切换至________工作，液压缸________进油，活塞________移动。

（4）当活塞杆上的滑块触动行程开关________时，MB1 又通电，开始下一个工作循环。

2．图 7–20 所示为工件夹紧机构的液压回路，该回路是一种压力控制回路，可以保证工件在夹紧时压力基本恒定，故称其为保压回路，试分析该回路的工作原理。

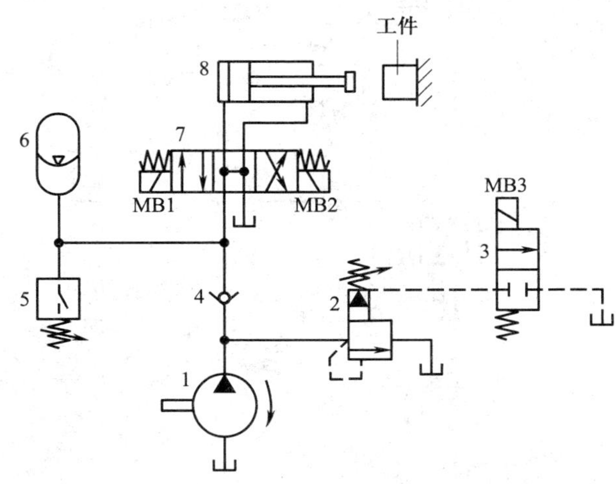

图 7–20

（1）当三位四通电磁换向阀 7 处于中位时，液压油液打开__________________，通过三位四通电磁换向阀 7________。此时，液压缸 8 处于________状态。

（2）当 MB1 通电，MB2 断电时，三位四通电磁换向阀 7________接入系统，液压泵打开单向阀 4，向______________和液压缸 8________供油，并推动活塞________。

（3）夹紧工件后，进油路压力________。当升至__________________的调定值时，压力继电器发出信号，使________通电，二位二通电磁换向阀 3________工作，使先导式溢流阀 2________，液压泵 1________。此时，单向阀 4________，液压缸由________________保压。

（4）因泄漏的存在，系统压力会逐渐________。当蓄能器的压力不足时，压力继电器复位，使________断电，二位二通电磁换向阀 3________工作，先导式溢流阀 2 的外控油口________，液压泵停止________，给系统供油。当系统压力重新升高后，液压泵又开始________。

（5）当 MB1 断电，MB2 通电时，三位四通电磁换向阀 7________接入系统，液压泵向液压缸________供油，推动活塞________，松开工件。

3．图 7–21 所示为用二位二通行程换向阀控制的速度换接回路，该回路可实现液压缸活塞杆的快进、工进和快退，试分析其工作原理。

（1）扳动二位四通手动换向阀 3 的手柄，使二位四通手动换向阀 3__________工作。液压泵输出的压力油经二位四通手动换向阀 3__________进入液压缸 4 的__________。液压缸右腔的油液经二位二通行程换向阀 7__________、二位四通手动换向阀 3__________流回油箱。

活塞杆实现快进。此时，因为负载较小，系统压力也较小，溢流阀 2 处于__________状态。

（2）当活塞杆上的挡块压下二位二通行程换向阀 7 的推杆时，二位二通行程换向阀 7________工作，使该阀处于__________状态。液压缸右腔的油液只能通过______________流回油箱，活塞运动速度转变为______________。

（3）松开二位四通手动换向阀 3 的手柄，使其处于右位时，压力油经二位四通手动换向阀__________、______________进入液压缸__________；液压缸左腔的油液经二位四通手动换向阀 3__________流回油箱，活塞杆快速__________。

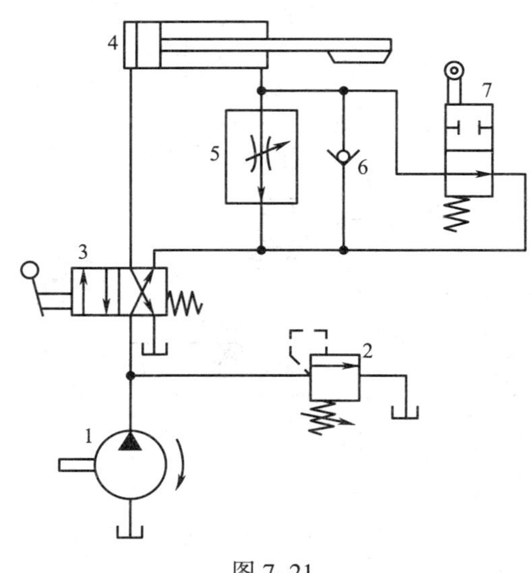

图 7–21

§7–7　典型液压传动系统

一、填空题（将正确答案填写在横线上）

1. MJ–50 型数控车床的液压传动系统（见教材图 7–52）主要承担卡盘的____________与____________、刀架的______________与______________、尾座套筒的______________与____________的驱动与控制。

2. 在 MJ–50 型数控车床的液压传动系统（见教材图 7–52）中，用____________实现刀架转位。

3. 在 MJ–50 型数控车床的液压传动系统（见教材图 7–52）中，压力表显示系统相应处的压力，以便调整____________大小和进行____________诊断。

4. 万能液压机的液压传动系统（见教材图 7–54）由________压、______流量、恒功率的变量泵和________压、________流量的定量泵组成液压源。

5. 在万能液压机的液压传动系统（见教材图 7–54）中，顶出缸只有在主缸____________状态时才能动作。

6. 在万能液压机的液压传动系统（见教材图 7–54）中，控制油液采用专门的__________

泵供油，而不直接用系统的____________油作油源。

7. 在万能液压机的液压传动系统（见教材图 7–54）中，将液压机滑块的质量作为快速下行时的____________，同时用____________对主缸上腔充油，做到了在不增加主泵____________的情况下增加滑块的下行速度。

8. 在万能液压机的液压传动系统（见教材图 7–54）中，主缸的工作循环为____________、慢速下行、____________、保压、____________、快速返回、____________。

9. 在万能液压机的液压传动系统（见教材图 7–54）中，顶出缸的动作主要有____________、退回和____________。

二、判断题（正确的，在括号内打“√”；错误的，在括号内打“×”）

1. 在 MJ–50 型数控车床的液压传动系统（见教材图 7–52）中，卡盘夹紧回路有高、低压两种夹紧状态。（　　）

2. 在 MJ–50 型数控车床的液压传动系统（见教材图 7–52）中，尾座套筒在非工作时处于浮动状态。（　　）

3. 在万能液压机的液压传动系统（见教材图 7–54）中，高压、大流量变量泵用于给主油路供油。（　　）

4. 在万能液压机的液压传动系统（见教材图 7–54）中，低压、小流量定量泵用于给系统补油。（　　）

三、选择题（将正确答案的序号填写在括号内）

1. 在 MJ–50 型数控车床的液压传动系统（见教材图 7–52）中，卡盘夹紧压力的调节由（　　）实现。

A．直动式溢流阀

B．直动式减压阀

C．先导式减压阀

2. 在 MJ–50 型数控车床的液压传动系统（见教材图 7–52）中，卡盘夹紧与松开的转换是由（　　）实现的。

A．二位三通电磁换向阀

B．二位四通电磁换向阀

C．三位四通电磁换向阀

3. 在 MJ–50 型数控车床的液压传动系统（见教材图 7–52）中，刀架的转位是由（　　）实现的。

A．双作用单杆液压缸

B．单向液压马达

C．双向液压马达

4. 在 MJ–50 型数控车床的液压传动系统（见教材图 7–52）中，刀架的转位速度由（　　）控制。

A．单向节流阀

B．单向调速阀

C．三位四通电磁换向阀

5．MJ–50 型数控车床的液压传动系统（见教材图 7–52）采用（　　）液压泵供油。

A．双向变量　　B．单向定量　　C．单向变量

6．在万能液压机的液压传动系统（见教材图 7–54）中，充液油箱的作用是（　　）。

A．仅用于补油　　B．仅用于回油　　C．用于补油和回油

7．在万能液压机的液压传动系统（见教材图 7–54）中，顺序阀的作用是（　　）。

A．在主缸活塞保压延时时起背压作用

B．在主缸活塞慢速下行时起背压作用

C．在主缸活塞快速下行时起背压作用

四、简答题

1．结合教材图 7–52 分析 MJ–50 型数控车床液压传动系统的工作原理。

（1）卡盘的夹紧与松开

1）卡盘高压夹紧

卡盘高压夹紧时，____________、____________断电，____________通电，换向阀 7 和 8 均在____________工作，其油路如下。

进油路：过滤器 1→变量泵 2→单向阀 3→__________________→二位三通电磁换向阀 7（左位）→______________________________→卡盘液压缸 10 右腔。

回油路：卡盘液压缸 10 左腔→______________________________→油箱。

2）卡盘低压夹紧

____________通电，二位三通电磁换向阀 7 切换至____________工作。液压泵输出的压力油只能经______________________进入卡盘液压缸 10____________，实现小夹紧力夹紧工件。

3）卡盘松开

卡盘需要松开时，让 MB1 断电、MB2 通电，二位四通电磁换向阀 8 切换至___________工作，液压泵输出的压力油经__________________后，进入卡盘液压缸 10 的____________，活塞____________，卡盘松开，其油路如下。

进油路：过滤器 1→变量泵 2→单向阀 3→________________________→二位三通电磁换向阀 7 左位（或右位）→__________________________→__________________________。

回油路：________________________→____________________________→油箱。

（2）刀架的换位与夹紧

刀架的完整工作循环是：刀架__________→刀架逆时针（或顺时针）旋转就近到达指定刀位→刀架__________。电磁铁的动作顺序为：MB6__________（刀架松开）→ MB4 ______________（马达逆时针旋转）或 MB5 通电（马达顺时针旋转）→ MB4（或 MB5）__________（刀架停转）→ MB6__________（刀架夹紧）。

回转刀架系统的油路如下。

1）刀架松开

进油路：过滤器 1→变量泵 2→单向阀 3→____________________________________→____。

回油路：________________→________________________→油箱。

2）刀架逆时针旋转

进油路：过滤器 1→变量泵 2→单向阀 3→________________________→________________________→________________________。

回油路：刀架转位双向液压马达 14→________________________→________________________→油箱。

3）刀架夹紧

进油路：过滤器 1→变量泵 2→单向阀 3→________________________→________________________。

回油路：________________→________________________→油箱。

（3）尾座套筒的伸出与缩回

1）尾座套筒伸出

尾座套筒伸出时，电磁铁 MB7________，其油路如下。

进油路：过滤器 1→变量泵 2→单向阀 3→________________________→________________________→________________________。

回油路：尾座套筒液压缸 21 右腔→________________________→________________________→油箱。

2）尾座套筒缩回

尾座套筒缩回时，MB7________，MB8________，其油路如下。

进油路：过滤器 1→变量泵 2→单向阀 3→________________→________________________→________________________→________________。

回油路：________________________→________________________→油箱。

2. 结合教材图 7–54 分析万能液压机液压传动系统的工作原理。

（1）主缸活塞的运动

1）主缸活塞快速下行

当 CB2 与 CB3 通电时，三位四通电液换向阀 9 切换到________，同时二位三通电磁换向阀 8 切换至________，打开________________。高压大流量变量泵 4 给主缸 18 的________供油。位于顶部的充液油箱 17 内的油液则在____________和充液油箱内油液________的共同作用下，打开________________，使油液进入主缸 18 的________，补足所需的油液。油路如下。

进油路一：过滤器 1→________________________→________________________→单向阀 11→________________________。

进油路二：充液油箱 17→________________→________________________。

回油路：主缸 18 下腔→________________→________________→________________________→油箱。

2）主缸活塞慢速下行与加压

当主缸活塞快进接近工件时，滑块上的挡铁压下行程开关 BG2 并发信使__________断电，二位三通电磁换向阀 8__________接入系统，液控单向阀 15 由于失去控制压力油而___________。这时的主回油路为：主缸 18 下腔→__________________→三位四通电液换向阀 9（左位）→____________________________→油箱。

由于回油路上有顺序阀 14 存在，在回路中产生了__________，此时液压泵 4 开始输出具有一定压力的油液，主缸上腔压力__________，使液控单向阀 16__________，主缸速度减慢。

当滑块碰到工件后，负载增加使液压泵 4 的供油__________进一步提高，并使液压泵的变量机构动作，减小液压泵的__________，主缸活塞对工件__________。

3）保压

当加压到主缸 18 上腔的压力达到___________________的调定值时，压力继电器发信，使_________断电，电液换向阀 9 回到中位，主缸 18 的上、下两腔均处于_________状态。同时，液压泵 4 经____卸荷。由于_____________防止了主缸上腔的泄漏，因而能使上腔保持高压状态。

4）泄压与主缸活塞快速返回

保压过程结束时，时间继电器发信使__________通电，三位四通电液换向阀 9 ______________接入系统。此时，由于主缸 18 的上腔尚未______________，其高压使液控卸荷阀 13__________，液压泵 4 输出的压力油经液控卸荷阀 13 的__________流回油箱，因而供油压力较低。虽然油路通过液控单向阀 15 与主缸 18 的下腔相连，但仍然无法使主缸开始__________。在压力油经液控卸荷阀 13 的阻尼孔流回油箱的同时，压力油打开了液控单向阀 16，使主缸 18 上腔的__________经液控单向阀 16 流进充液油箱 17，主缸 18 上腔开始__________。

当泄压持续到主缸上腔的压力低于液控卸荷阀 13 的调定值时，液控卸荷阀 13__________，因而液压泵 4 的输出压力__________，这一压力在使液控单向阀 16 保持__________状态的同时，给主缸__________供油，主缸 18 开始回程。这时的油路如下。

进油路：过滤器 1→高压大流量变量泵 4→____________________________________→____________________→主缸 18 下腔。

回油路：主缸 18 上腔→____________________→充液油箱 17。

5）主缸活塞原位停止

当滑块上的挡铁在上升过程中压下行程开关 BG1 时，__________断电，三位四通电液换向阀 9 切换至__________，主缸 18 因两腔通路被关闭而停止运动。

（2）顶出缸活塞的运动

1）顶出

按下顶出按钮，CB4 通电，三位四通电液换向阀 19 切至_________工作，活塞__________运动，此时的油路如下。

进油路：过滤器 1→高压大流量变量泵 4→______________________________________→_________________________________→顶出缸 20 下腔。

回油路：顶出缸 20 上腔→______________________________→油箱。

2）退回

按下退回按钮，CB5 通电，CB4 断电，三位四通电液换向阀 19 切至__________工作，________向下运动，此时的油路如下。

进油路：过滤器 1 →高压大流量变量泵 4 →三位四通电液换向阀 9（中位）→________________________________→__________________。

回油路：顶出缸 20 下腔→______________________________→油箱。

3）浮动压边

三位四通电液换向阀 19 处于中位，主缸滑块组件下压时顶出缸 20 活塞被迫随之下行，顶出缸下腔油液经__________________和__________________流回油箱，使顶出缸下腔保持所需的向上的压边压力。

§7–8 液压传动系统的使用与维护保养

一、填空题（将正确答案填写在横线上）

1．使用液压传动系统时，操作者应熟知各调节手柄的________、________及________。

2．液压设备的检查分为________检查、________检查和________检查三项。

3．保养一般分为________保养和________保养。

二、判断题（正确的，在括号内打√；错误的，在括号内打 ×）

1．液压设备的日常检查必须由专业维修人员完成。（　　）

2．水进入液压传动系统的油液中会污染液压油液。（　　）

3．若液压设备长期不用，则应将各调节旋钮全部旋紧。（　　）

三、选择题（将正确答案的序号填写在括号内）

1．对于新投入使用的液压设备，使用（　　）个月左右应清洗油箱，更换新油。

A．两　　B．三　　C．四

2．液压传动系统一般应空载运转（　　）min 以上才能加载运转。

A．20　　B．30　　C．40

四、简答题

1．什么是液压传动系统的定期检查？

2．什么是液压传动系统的专项检查？目的是什么？

3．液压传动系统的日常保养

（1）每班开机前，先检查油箱____________及油液的污染情况。加油时，要加设备所要求的____________的液压油液，并要经__________后方能加入油箱。检查主要元件及电气开关是否处于____________状态。

（2）开机后，按要求调整系统的工作________、________在规定的范围内。特别是不能在压力表不工作的情况下________。

（3）要经常关注系统的工作情况，按时记录________、________、电压、电流等参数值；经常查看管接头处，拧紧松动的________，以防漏油。维持液压设备工作环境的清洁，以防外来污染物进入________及液压传动系统。

（4）当液压传动系统出现故障时，要________检修，不可________运行，以免造成________或________。

第八章　气压传动

§8–1　气压传动概述

一、填空题（将正确答案填写在横线上）

1. 气压传动是以________为动力源，以________为工作介质，利用压缩空气的______和______进行________或________的传动方式。

2. 气压传动系统一般由________、________、________、________和________五部分组成。

3. 空气压缩机将原动机的________转换为空气的________。

4. 气源装置中的空气净化装置用于去除空气中的______、______及其他______，为各类气压传动设备提供洁净的________。

5. 气源装置中的储存装置用于储存________。

6. 气压传动系统的执行元件是把压缩空气的______转换成______，以驱动工作机构的元件运动，一般为做直线运动的________或做旋转运动的________。

7. 气压传动系统的控制调节元件是对气动系统中气体的________、________和________进行控制和调节的元件。

二、判断题（正确的，在括号内打“√”；错误的，在括号内打“×”）

1. 气压传动装置不污染环境。（　　）
2. 压缩空气不能进行远距离输送。（　　）
3. 气压传动不能用于易燃、易爆场所。（　　）
4. 气压传动具有动作迅速、反应快、管路不易堵塞、工作压力高等优点。（　　）
5. 气压传动系统能够实现过载自动保护。（　　）
6. 气缸或气马达的动作速度受载荷的影响不大。（　　）
7. 气动设备一般噪声较小。（　　）
8. 气压传动系统需要另设润滑装置。（　　）
9. 气压传动不存在泄漏问题。（　　）
10. 气压传动系统的维护比液压传动系统复杂。（　　）

三、选择题（将正确答案的序号填写在括号内）

1. 气源装置是指（　　）压缩空气的装置。
   A．产生　　B．产生和处理　　C．产生、处理和储存

2．空气压缩机是气压传动系统的（　　）。

A．气源装置　　B．控制元件　　C．执行元件

3．油雾器是气压传动系统的（　　）。

A．气源装置　　B．控制元件　　C．辅助元件

4．气压传动系统的工作压力一般为（　　）MPa。

A．0.3 ~ 1　　B．1 ~ 2　　C．2 ~ 3

四、简答题

1．结合教材图 8–2 分析气动平口钳的工作过程。

（1）气动平口钳气压传动系统

空气压缩机产生的压缩空气，经过____________和____________处理后，分别输送给____________（旋钮式二位三通换向阀 6）和____________（单气控二位五通换向阀 7）。信号控制元件通过气压控制____________动作，气动控制元件通过分别接通气缸____________实现气动平口钳活动钳口的____________。

（2）气动平口钳的夹紧动作

当旋转旋钮式二位三通换向阀 6 的旋钮使换向阀 6____________工作时，压缩空气通过换向阀 5 使单气控二位五通换向阀 7 ____________工作，换向阀 7 接通气缸____________气路，使气缸____________进入压缩空气，活塞____________移动，____________工件。

（3）气动平口钳的松开动作

当再次旋转换向阀 6 的旋钮时，使换向阀 6 的____________工作，压缩空气被____________，同时使控制管路与____________相连，排出压缩空气。此时换向阀 7____________工作，接通气缸____________气路，使气缸____________进入压缩空气。气缸____________的空气通过____________的排气孔排出。活塞____________移动，____________工件。

2．简述气压传动的工作原理。

§8–2　气源装置、辅助元件和执行元件

一、填空题（将正确答案填写在横线上）

1．空气压缩站由____________、____________和空气处理净化设备等组成。

2．活塞式空气压缩机由____________、____________、____________、____________、____________、压力表和各种阀等组成。

3. 油雾分离器的作用是分离压缩空气中的________、________及其他杂质，使压缩空气得到____________。

4. 气罐储存一定量的压缩空气，以解决空气压缩机的输出气量和气动设备耗气量之间的__________问题，减小气源输出气流的________，保证输出气流的__________和________，减弱空气压缩机排气压力________引起的管道________，进一步分离压缩空气中的________和________等；同时储备一定的________空气，以备空气压缩机发生________时临时应急使用。

5. 手动排水过滤器用于分离夹杂在气体中的________、________等杂质。

6. 油雾器的作用是将润滑油________，并使之随__________一起进入被润滑部位。

7. 气动三联件是指____________、____________和________。

8. 当有压气体通过消声器的消声罩时，声能量被部分吸收而转化为________，从而降低了噪声________。

9. 气动管接头按其结构及工作原理不同分为____________、____________、________、________和________等类型。

10. 叶片式气马达有__________和__________两种。

二、判断题（正确的，在括号内打“√”；错误的，在括号内打“×”）

1. 活塞式空气压缩机结构简单，使用寿命长，但不容易实现大容量和高压输出。（　　）

2. 活塞式空气压缩机振动大，噪声大，且因为排气为断续进行，输出有脉动。（　　）

3. 气罐的进气口在上，出气口在下。（　　）

4. 叶片式气马达的叶片只需要依靠转子转动时产生的离心力就可以紧密地贴紧在定子的内壁上。（　　）

5. 不完全膨胀式气马达与非膨胀式气马达相比，其耗气量小，效率高。（　　）

三、选择题（将正确答案的序号填写在括号内）

1. 气动三联件的减压阀通常安装在（　　）之后。

A. 手动排水过滤器　　B. 油雾器　　C. 压力表

2. 气动二联件为（　　）的组合。

A. 手动排水过滤器和油雾器

B. 减压阀和油雾器

C. 手动排水过滤器和减压阀

3. 消声器应安装在气动装置的（　　）。

A. 进气口　　B. 排气口　　C. 进气口和排气口

4. 图形符号表示（　　）。

A. 消声器　　B. 油雾器　　C. 气罐

5. 图形符号表示（　　）。

A. 过滤器　　B. 气缸　　C. 消声器

四、简答题

1．结合教材图 8–3 分析空气压缩站的工作过程。

（1）自然环境下的空气经________________后进入空气压缩机。从空气压缩机中输出的压缩空气，其温度一般为______________℃，并伴有一定量的__________和__________。

（2）高温并含有杂质的压缩空气首先进入______________中进行冷却，可使压缩空气的温度下降至__________℃，此时空气中大部分的油雾和水汽凝结成__________及__________。

（3）压缩空气进入手动排水分离器，使大部分油、水和杂质从__________中分离出来，得到初步净化后的压缩空气被送入__________中，这个过程称为______________。

（4）一次净化处理后的压缩空气被送入________________中进一步去除残留的水分，然后经过________________进一步清除压缩空气中的颗粒和油气后进入__________。

2．结合教材图 8–5 分析两级活塞式空气压缩机的工作原理。

（1）电动机带动曲轴旋转，通过_____________机构带动两个气缸的活塞做__________运动。

（2）当第一级气缸的活塞 3 按箭头所示方向运动时，进气阀 4____________，排气阀 5__________，空气在________________作用下进入第一级气缸 2 内，这个过程称为__________。

（3）当曲轴带动活塞向箭头所示的反方向运动时，进气阀 4 在压缩空气的作用下__________，气缸 2 内的空气被__________。

（4）当气缸 2 内的空气压力增加到__________冷却管 6 内的压力时，排气阀 5 被__________，压缩空气进入______________，这个过程称为__________。

（5）在第一级气缸 2 排气时，第二级气缸 9 进行__________；在第一级气缸吸气时，第二级气缸进行__________。第一级气缸排出的压缩空气经第二级气缸压缩后得到了__________的输出压力。

3．结合教材图 8–8 分析手动排水过滤器的工作过程。

（1）压缩空气从输入口进入后，被引到______________处，旋风叶子上有很多成一定角度的________，迫使空气沿________方向运动并产生强烈的________。

（2）夹杂在气体中较大的________、________等，在惯性力的作用下与存水杯的内壁________，并分离出来沉到________；而微粒灰尘和雾状水汽则在气体通过________时被拦截而滤除，清洁的空气便从输出口输出。

（3）为防止气体将存水杯中积存的________卷起，在滤芯下方安装了____________。手动排水阀用于排出________。

4．结合教材图 8–9 分析油雾器的工作过程。

（1）当压缩空气从进气口进入后，通过喷嘴 5 下端的________进入阀座 7 的________内，推动钢球 6________运动。

（2）压缩空气进入存油杯 10 的________，油面________，压力油经吸油管 9 将钢球 8________。

（3）钢球上部管道有一个方形小孔，因此钢球不会把上方的管道________。

（4）压力油不断地流入储油室 3 内，再流入________________中，被主管气流从喷嘴的____________中引射出来，雾化后从出气口____________。

5．结合教材图 8–14 分析单作用单杆气缸的结构和工作原理。

（1）在单作用单杆气缸的前缸盖上有一个________口，在后缸盖上有一个________口。

（2）单作用单杆气缸只有在活塞的一侧可以输入______________，在活塞的另一侧通过呼吸口与________接通。

（3）单作用单杆气缸的压缩空气只能在一个方向上________，活塞的反方向动作则依靠________________实现。

（4）压缩空气只能在一个方向上控制气缸活塞的________，因此称为____________气缸。

6. 结合教材图 8-16b 分析不完全膨胀叶片式气马达的工作原理。

（1）不完全膨胀叶片式气马达有一个________________、一个一次________________和一个二次____________。

（2）压缩空气在一次排气口进行第一次____________，其余压缩空气____________后在二次排气口进行第二次____________。

（3）若压缩空气从____________________输入，可以改变气马达的____________________。

§8-3　气动控制元件与基本回路

一、填空题（将正确答案填写在横线上）

1. 气压传动系统中常见的方向控制阀有_____________、_____________、_____________、___________和_________________等。

2. 气压传动系统中常用的压力控制阀有____________和____________等。

3. 气压传动系统中常用的流量控制阀有___________、带消声器的_________________和________________等。

4. 当梭阀的两个进气口都进气时，若两个进气口的进气压力相等，阀芯可能停留在___________位置。若两个进气口的进气压力不等，则________压的通道打开，________压口被封闭，高压气流从________口输出。

二、判断题（正确的，在括号内打“√”；错误的，在括号内打“×”）

1. 直动式溢流阀主要在气压传动系统中起过载保护作用，故又称为安全阀。（　　）

2. 供气节流调速回路可以防止气缸启动时的“冲出”现象。（　　）

3. 供气节流调速可以保证负载变化时气缸运行稳定。（　　）

4. 排气节流调速的气缸运行不够稳定。（　　）

5. 梭阀相当于两个单向阀组合在一起。（　　）

三、选择题（将正确答案的序号填写在括号内）

1. 在空气压缩机与气罐之间设置一个（　　），当空气压缩机停止工作时，可防止气罐中的压缩空气回流到空气压缩机。

A. 单向阀　　B. 换向阀　　C. 减压阀

2. 在气压传动系统中需要用（　　）进行减压和稳压。

A．溢流阀　　B．减压阀　　C．节流阀

3．带消声器的排气节流阀安装在（　　）处。

A．控制元件的出气口

B．执行元件的进气口

C．执行元件的排气口

4．图 8–1 所示为（　　）的图形符号。

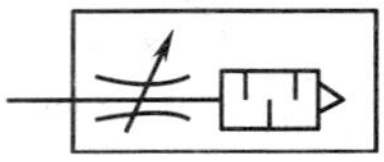

A．单向节流阀

B．排气节流阀

C．带消声器的排气节流阀

图 8–1

5．梭阀有（　　）个进气口和（　　）个工作口。

A．一　　B．两　　C．三

四、简答题

1．结合教材图 8–18 分析二位三通机动换向阀的工作过程。

（1）二位三通机动换向阀是一种常______式控制阀。当压下推杆时__________气路。当松开推杆时__________气路，同时工作回路与__________接通，排出__________________。

（2）在常位时，阀芯将进气口与出气口之间的通道____________，两气口不相通，而出气口与排气口____________，出气口的压缩空气可以通过排气口排入____________中。

（3）当压下阀芯时，进气口与出气口____________，同时排气口被阀芯____________，压缩空气通过____________进入，从____________输出。

2．结合教材图 8–19 分析单往复动作回路的工作原理。

（1）按下手动换向阀的按钮，压缩空气使二位四通双气控换向阀______________工作，压缩空气经二位四通双气控换向阀进入气缸的________________，活塞______________行进，活塞杆____________。

（2）松开手动换向阀的按钮，让手动换向阀的阀芯在____________的作用下复位。

（3）当活塞杆上的挡块压下____________________的推杆时，压缩空气使二位四通双气控换向阀____________工作，压缩空气经二位四通双气控换向阀进入气缸的____________，活塞杆____________，完成一次工作循环。

3．结合教材图 8–22 分析直动式减压阀的工作原理。

（1）减压原理

当输入压力平稳时，压缩空气从进气口输入，经进气阀口________________后从出气口输出。输出气流的一部分由阻尼孔进入________________，在膜片的下方产生一个________的推力，这个推力使膜片向上凸起，阀芯随之________，使阀口开度________，减压阀的输出压力____________。

（2）稳压原理

当输入压力瞬时升高时，输出压力也随之________，作用于膜片上的气体推力也随之________，使膜片向上的凸起增加；同时，阀杆和阀芯________，使节流口________，输出压力________，直到达到新的平衡为止，重新平衡后的输出压力又基本上恢复至________。

当输出压力瞬时下降时，膜片________，进气阀口开度________，节流作用________，输出压力又基本回升至________。

（3）调压原理

旋转旋钮，通过调压弹簧和膜片等使阀芯________，改变______________的大小，达到调压的目的。

4．结合教材图 8–27 分析单向节流阀的工作原理。

（1）当压缩空气从左侧接口流向右侧接口时，单向阀________，压缩空气__________流出。

（2）节流口的大小可以通过旋转________________________进行调节。

（3）当压缩空气从右侧接口反向流入时，单向阀___________，压缩空气经___________快速从左侧接口排出。

5．结合教材图 8–31 分析双手同时操作回路的工作原理。

（1）初始状态

在初始状态，气源通过推压控制式二位五通换向阀 1、2 向____________充气，同时，压缩空气经____________、单气控二位五通换向阀 6 进入气缸 5 的____________，使气缸 5 的活塞杆保持在____________状态。

（2）正常作业

当同时按下换向阀 1、2 的手柄时，__________中的压缩空气经换向阀 2 进入__________，经节流阀延时后控制单气控二位五通换向阀 6 动作（此时换向阀 1 处于截止状态），使换向阀 6__________工作。压缩空气经换向阀 6 进入气缸 5 的____________，活塞杆下行进行__________作业。

（3）安全防护

如果换向阀 2 没有按下，则气瓶 3 中的压缩空气无法进入____________；如果换向阀 1 没有按下，即使按下换向阀 2，压缩空气也会从____________的排气口排出，仍然无压缩空气通过____________。

6．结合教材图 8–33 分析过载保护回路的工作原理。

（1）按下推压控制式二位二通换向阀 1 的手柄，单气控二位四通换向阀 2 的____________接入系统，压缩空气经换向阀 2 左位进入气缸 5 的____________腔，活塞杆____________。

（2）当活塞杆触发二位二通行程换向阀 6 时，控制气体经________________排空。换向阀 2 失去____________，阀芯在弹簧作用下__________，压缩空气经换向阀 2____________进入气缸 5 的____________腔，活塞杆____________，完成一个工作循环。

（3）如果活塞杆伸出时所受的负载很大或遇到障碍物时，气缸无杆腔的压力升高，当压力大于____________________的调定压力时，直动式顺序阀 4 打开，压缩空气经直动式顺序阀 4 进入单气控二位二通换向阀 3 的__________气口，使换向阀 3 的__________接入系统，来自换向阀 1 的控制气体经____________排空，换向阀 2 在弹簧作用下复位，压缩空气进入气缸的__________腔，活塞杆__________，从而实现了系统的过载保护。

五、综合题

1．图 8–2 所示为双手同时操作回路，用于气动冲床，可以起到保护双手的目的，试分析该气动回路的工作原理。

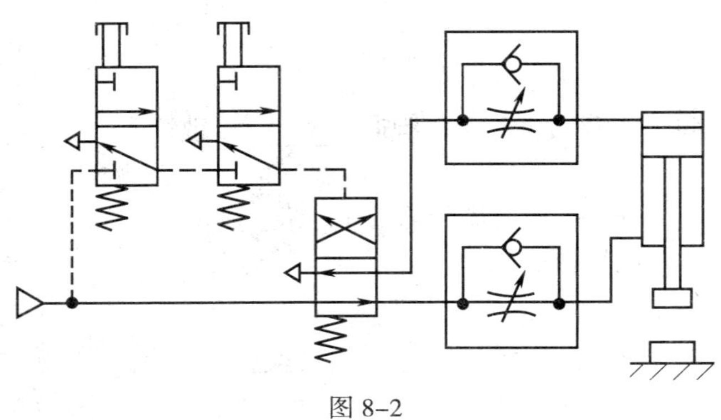

图 8–2

（1）将两个推压控制____________换向阀串接后控制______________气控换向阀。

（2）同时按下两个推压控制________________换向阀时，压缩空气进入二位四通换向阀_________，使其_________工作。此时，压缩空气经二位四通换向阀的_________、上侧单向节流阀的_________进入气缸_________，使活塞杆_________运动。气缸下腔的气体经下侧单向节流阀的_________、二位四通换向阀_________后排入大气。

（3）如果任何一只手离开推压控制二位三通换向阀，则控制回路被_________，二位四通换向阀_________工作，活塞杆_________，以避免因误动作伤及操作者。

（4）该回路通过单向节流阀实现双向_________节流调速。

2. 图 8–3 所示为气动弯板机的气动回路，可以使活塞杆先快速下行，当接近工件时变为慢速下行，试分析其工作原理。

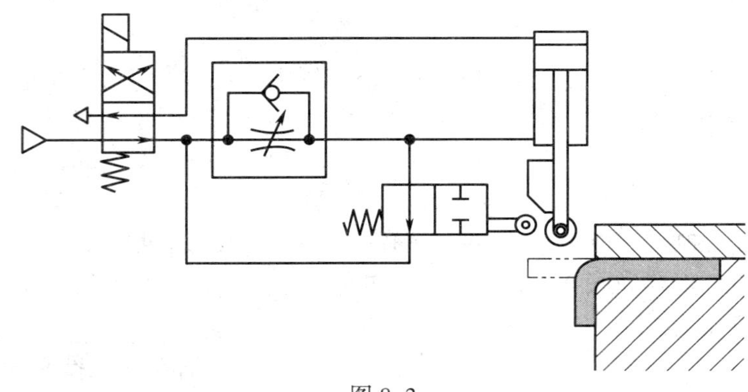

图 8–3

（1）使二位四通电磁换向阀通电，二位四通电磁换向阀_______工作，压缩空气进入气缸_________。气缸下腔的空气经二位二通行程换向阀___________、二位四通电磁换向阀_________排入大气。此时，活塞杆_________下行。

（2）当活塞杆末端的滚轮靠近工件时，活塞杆上的挡块将二位二通行程换向阀的推杆压入阀体，二位二通行程换向阀_________工作，_________气路。气体只能经单向节流阀的_________排出，活塞杆变为_________下行。

（3）弯板工作结束后，使二位四通电磁换向阀断电，二位四通电磁换向阀_________工作，压缩空气进入气缸_________，活塞杆快速_________。气缸上腔的空气经二位四通电磁换向阀_________排入大气。

§8-4 典型气动系统

一、判断题（正确的，在括号内打“√”；错误的，在括号内打“×”）

1．在气动夹具的气动系统（见教材图 8-36）中，垂直气缸的运动采用了供气调速。 （　　）

2．气动夹具的气动系统（见教材图 8-36）工作时，首先是垂直气缸的活塞向下伸出将工件压紧，然后两侧气缸活塞杆同时伸出，对工件进行夹紧。 （　　）

3．在公共汽车车门的气动控制系统（见教材图 8-37）中，梭阀 5 的作用是接通关闭公交车门的控制气路。 （　　）

4．公共汽车车门的气动控制系统（见教材图 8-37）工作时，无论手动换向阀 3 和 4 是否按下，都可以起到安全保护作用。 （　　）

二、选择题（将正确答案的序号填写在括号内）

1．气动夹具的气动系统（见教材图 8-36）工作时，夹紧工件的时间由（　　）控制。

A．节流阀　　B．换向阀　　C．单向阀

2．在气动夹具的气动系统（见教材图 8-36）中，气缸活塞杆的退回顺序是（　　）。

A．上侧气缸活塞杆先退回，然后两侧气缸活塞杆退回

B．两侧气缸活塞杆先退回，然后上侧气缸活塞杆退回

C．上侧气缸和两侧气缸同时退回

3．在公共汽车车门的气动控制系统（见教材图 8-37）中，起安全保护作用的是（　　）换向阀。

A．双气控　　B．手动　　C．行程

4．在公共汽车车门的气动控制系统（见教材图 8-37）中，气缸的运动由（　　）控制。

A．单气控换向阀　　B．双气控换向阀　　C．手动换向阀

三、简答题

1．结合教材图 8-36 分析气动夹具气动系统的工作原理。

（1）上侧气缸活塞下行，压紧工件

踩下脚踏式二位四通换向阀 4，使其____________接入系统。压缩空气经换向阀 4__________，再经单向节流阀 2 的__________进入气缸 1 的__________。气缸 1 的下腔经单向节流阀 3 的__________，再经换向阀 4 的__________进行排气。气缸 1 的活塞__________运动，实现对工件的上下夹紧。

（2）两侧气缸活塞伸出，夹紧工件

当气缸 1 的活塞下移到预定位置时，压下______________________的推杆，使其处于__________，控制气体经过行程换向阀 6，再经单向节流阀 11 的______________，进入二位三通单气控换向阀 10________端的控制气口，使换向阀 10________位接入系统。此时

系统中主气路的走向是：压缩空气经过换向阀 10 的________位和换向阀 8 的________位进入气缸 5 和气缸 7 的________腔，气缸 5 和气缸 7 有杆腔中的空气经换向阀 8 的________进行排气，从而使气缸 5 和气缸 7 的活塞杆________，实现从两侧夹紧工件。

（3）两侧气缸活塞退回

在气缸 5 和气缸 7 的活塞杆伸出夹紧工件的同时，一部分压缩空气作为控制气体通过单向节流阀 9 的______________到达单气控换向阀 8 的________。经过一段时间（长短由节流阀控制），机械加工完成后，气压达到使______________换向的压力，换向阀 8________位工作，气缸 5 和气缸 7 的________腔进入压缩空气，________腔排气。气缸 5 和气缸 7 的活塞杆________，松开工件。

（4）上侧气缸活塞退回

在气缸 5 和气缸 7 松开工件的同时，压缩空气进入换向阀 4 的__________，使换向阀 4__________接入系统。气缸 1__________腔进入压缩空气，__________腔中的空气经换向阀 4 的________排气，气缸 1 的活塞杆________，松开工件。

2. 结合教材图 8–37 分析公共汽车车门气动控制系统的工作原理。

（1）初始状态

双气控二位四通换向阀 8_______工作，气缸 11 的活塞杆_______，车门处于______状态。

（2）打开车门

当操纵手动换向阀 1 或 2 时，压缩空气经换向阀 1 或换向阀 2 到达________________，把控制信号输送到换向阀 8 的________端，使换向阀 8 切换至________位。压缩空气经过换向阀 8、单向节流阀 9 的____________进入气缸________，使车门打开。

（3）关闭车门

当操纵手动换向阀 3 或 4 时，压缩空气经换向阀 3 或换向阀 4 到达________________，把控制信号输送到换向阀 8 的________端，使换向阀 8 切换至________位工作。压缩空气经过换向阀 8、单向节流阀 10 的________进入气缸右腔，使车门关闭。

（4）安全保护

当车门在关闭过程中遇到障碍物时，便推动____________________________动作，使压缩空气经行程换向阀 12、____________到达换向阀 8 的____________，使车门重新开启。

§8–5　气动系统的使用与维护保养

一、填空题（将正确答案填写在横线上）

1. 压缩空气的污染主要来自__________、__________、__________和__________四个方面。

2. 气动系统的维护保养分为_________________________、_________________________、__________________________________和__________________________等方面。

3. 气缸的润滑分为______润滑和______润滑。

二、判断题（正确的，在括号内打“√”；错误的，在括号内打“×”）

1. 启动气动设备前要放掉系统中的冷凝水。（　　）

2. 气动设备长期不用时，应将各手柄压紧或旋紧。（ ）

3. 气动设备停机前应关闭油雾器。（ ）

4. 空气压缩机必须在无载荷状态下启动。（ ）

三、选择题（将正确答案的序号填写在括号内）

1. 不带磁性开关的气缸的正常工作温度一般为（ ）℃。

A. 0 ~ 70　　B. −10 ~ 60　　C. −10 ~ 70

2. 气缸若长时间不用，应（ ）个月动作一次。

A. 一　　B. 三　　C. 六

3. 不供油气缸需每（ ）个月在气缸滑动部位涂抹一次润滑脂。

A. 两　　B. 三　　C. 六

4. 使用流量控制阀进行气缸速度的调整时，流量控制阀应从（ ）状态逐渐调至所希望的速度。

A. 全开　　B. 半开　　C. 全闭

四、简答题

1. 气动系统操作前需要进行哪些检查与调整？

2. 气动系统工作中应注意哪些问题？